ÉTUDES

SUR

LA QUESTION DU DÉFRICHEMENT [1],

PAR M. **COLLOT**, député au Corps législatif.

I. GÉNÉRALITÉS.

La question de défrichement ne doit pas rester posée, comme elle l'a été jusqu'ici, dans les limites déjà trop étroites d'une question de richesse territoriale et de liberté absolue de la propriété ; elle doit être élevée au contraire à la hauteur des plus grandes questions humanitaires, car elle intéresse l'existence même des sociétés en tant qu'elle touche vitalement non-seulement à la fertilité du sol, mais encore à l'habitabilité de la terre elle-même et à sa possession par les sociétés humaines, dès lors à l'existence de ces sociétés et à leur durée plus ou moins longue sur le globe terrestre, suivant qu'elles sauront le préserver et le défendre contre les causes de ruine et de destruction qui le menacent.

C'est par son industrie et ses travaux que l'homme a rendu la terre habitable et l'a appropriée à ses besoins ; c'est dans cette voie d'améliorations que les grandes sociétés humaines se sont formées et ont grandi jusqu'à l'état de nations. Certaines contrées, comme la Hollande, ont même été conquises sur les mers. Aujourd'hui que la puissance humaine a ainsi dompté la puissance matérielle des éléments, leur laissera-t-on reprendre ce qui est conquis, se laissera-t-elle déposséder par eux ?...

Nous avouons qu'il faut avoir vu les désastres causés par la dénuda-

[1] Je dois ici à mes lecteurs une explication toute personnelle : j'appartiens à un des départements les plus boisés de France, à la Meuse, où le sol cultivé est entièrement aux mains des petits propriétaires cultivateurs, où les fermes deviennent de plus en plus rares, et où les terres, valant trois fois ce qu'elles valaient en 1800, acquièrent encore de jour en jour plus de valeur. C'est dire que je devais être, que j'étais en effet et voudrais pouvoir être encore partisan d'une grande liberté de défrichement. C'était là une impression toute locale, non une opinion, impression qu'une étude sérieuse, logique et approfondie de la question, est venue entamer et détruire.

Je dois ajouter que j'étais non-seulement prévenu, mais que j'étais et suis encore intéressé à voir proclamer la liberté de défrichement ; que mes convictions se sont donc assises et fortifiées, malgré ces préventions et cet intérêt : ceci, non pour attribuer un mérite à la personne, mais pour donner plus de poids à l'opinion qu'elle va formuler.

tion de certaines chaînes de montagnes, leur bouleversement par les torrents, les déluges de terres infertiles comblant les vallées les plus riches, enfin ces espèces de cataclysmes minant et bouleversant lentement certaines contrées dénudées du globe, pour croire aux périls que nous voulons signaler et pour perdre cette confiance aveugle dans laquelle vivent les pays privilégiés, parce qu'ils sont encore ignorants et éloignés du danger.

Il faudrait avoir exploré certains deltas si bien obstrués par les terres entraînées que l'écoulement des fleuves devient de plus en plus difficile et qu'on peut prévoir le temps où il sera impossible, certaines rivières ayant si bien rempli leur lit à leurs embouchures et sur un très-grand espace, que la mer était refoulée au loin : ce qui a fait croire fort à tort que ses eaux diminuaient, puisqu'elles abandonnaient leurs anciens rivages, celui d'Aigues-Mortes, par exemple.

Si on laisse ainsi les montagnes s'écrouler dans les vallées, les torrents nouveaux se créer et grandir, si on abandonne sans défense la terre habitable à l'action lente, corrosive et entraînante des eaux, on peut prévoir, pour un avenir très-éloigné sans nul doute, mais enfin on peut prévoir le comblement insensible des parties les plus profondes des mers, dès lors le déplacement des eaux océaniques et leur refoulement sur les continents les plus abaissés.

Les inégalités du globe l'ont divisé en parts fort inégales : à la terre un quart seulement environ, à l'eau trois quarts à peu près. Cette part si petite déjà faite à la terre est donc menacée d'être amoindrie encore.

Et ce n'est pas au loin, ce n'est pas à l'étranger seulement, c'est en France même que nous trouvons la preuve matérielle et effrayante du danger de défrichement des bois de montagnes et de collines ; c'est dans les départements des Basses et des Hautes-Alpes et dans les départements voisins du Var et de l'Isère, dans toutes nos contrées montagneuses enfin, que nous avons pu en constater les terribles résultats ; ce n'est pas encore le moment de chercher à les décrire, nous le ferons plus tard, alors que nous aurons démontré leur cause et prouvé qu'en principe tout ce qui est montagne et pente d'une certaine inclinaison doit être et rester forcément boisé en vertu du droit qu'ont les sociétés humaines de se défendre contre tout ce qui menace et leur bien-être et leur existence matérielle.

Voilà le principe, voilà la loi humanitaire.

Car il y a tels actes de dégradation ou même d'incurie qui peuvent hâter et précipiter l'écroulement, la destruction entière de cette grande habitation de l'homme que nous appelons le globe terrestre.

Pour paraître moins artificiellement créée qu'une maison ordinaire et individuelle, pour être plus solide et plus durable, la grande habitation, la terre, n'en est pas moins sujette à des dégradations qui peuvent préparer et amener sa ruine partielle d'abord, et sa destruction générale ensuite.

Et ce ne serait pas la première fois que pareille catastrophe arriverait, le globe terrestre a déjà été bouleversé : nos livres saints, nos traditions religieuses en font foi. L'engloutissement des forêts résineuses, retrouvées aujourd'hui sous terre, à l'état de combustibles, en si grandes quantités, à de si grandes profondeurs et dans tant de contrées, signale déjà un de ces grands cataclysmes. Un autre bouleversement a amené l'enfouissement des forêts non résineuses, que nous retrouvons en lignites à des profondeurs moindres.

Les géologues croient à une troisième et dernière irruption des eaux sur le globe (le déluge de Noë) et en trouvent la preuve dans ces couches épaisses de coquillages marins, des plus grandes dimensions, déposés sur les pentes fort élevées des plus hautes montagnes.

Les débris fossiles de ces énormes animaux, connus seulement sous le nom d'antédiluviens, reconstitués par le génie de Cuvier, viennent compléter ces preuves.

D'autres bouleversements ont pu précéder ceux-ci ; d'autres, ceux-là presque récents, attendu la haute antiquité des premiers, sont attestés par l'histoire, sont dus à d'autres causes et rentrent dans la question qui nous occupe.

Les anciens empires des Assyriens, des Mèdes, des Perses, des Egyptiens, du Pont, si riches de fertilité, si puissants par leurs richesses et leur population, ont lentement et successivement disparu. L'histoire parle de la fécondité de la terre, de la beauté des forêts et des ombrages, de l'abondance des eaux ; ces empires n'ont pas su éviter le danger qui nous menace ; la population allait toujours croissant, les forêts disparaissaient et se transformaient en terres arables. La rareté des bois amena la destruction forcée des derniers ombrages et dès lors la suppression des eaux fertilisantes et nécessaires. La destruction de ces abris naturels explique d'une manière effrayante la transformation du sol et la disparition de ces nations puissantes.

D'immenses ruines, enfouies dans le sable et entourées d'immenses déserts, remplacent aujourd'hui, en Asie et en Afrique, ces empires détruits. Ce n'est qu'à de grandes profondeurs qu'on retrouve le sol ancien et fertile.

La destruction serait donc la loi générale du genre humain et des choses terrestres, car tout paraît devoir périr, se reproduire et se renouveler successivement et lentement comme formule ordinaire d'existence, périr et disparaître par grandes généralités ou même en bloc comme formule exceptionnelle.

L'homme sera-t-il assez fort, assez puissant pour retarder ces grands désastres, pour les atténuer et les amoindrir ?... Par ces forces morales et intelligentes qu'il tient de Dieu, par ces forces physiques que l'association lui donne, parviendra-t-il à enrayer l'œuvre de destruction ?... C'est par les petits désastres que les grands sont préparés, il peut prévenir ceux-ci et dès lors retarder ceux-là, sinon les éloigner tout à fait : il se doit à lui-même de le tenter.

C'est donc vers cette idée que nous devons diriger nos efforts.

C'est donc dans cette voie d'intelligence et de résolution qu'il faut nous engager et avancer. Mais passons de ces considérations générales à des applications usuelles et pratiques.

II. INFLUENCE ET UTILITÉ DES FORÊTS.

Dans les pays de montagnes, les pics les plus élevés, les sommités boisées surtout, sont le baromètre de la contrée ; c'est à eux que l'œil vigilant du cultivateur va demander le pronostic du temps ; ce sont ces sommets qui, le matin, ont ses premiers regards, parce qu'ils lui donnent la prévision climatérique de la journée. A part les accidents qui résultent de la formation des orages, le cultivateur sait, dès le matin, quel sera le temps de la journée ; il peut même prévoir quel sera celui du lendemain.

Il remarque, en effet, que les pics dénudés peuvent fendre la nue, mais ne l'arrêtent pas ; que les pics boisés, au contraire, attirent les nuages, les retiennent, s'en enveloppent en quelque sorte comme d'un manteau, paraissent y puiser, par les milliers d'aspirations de leurs feuilles, l'humidité dont ils ont besoin, et ne les laissent échapper qu'après leur avoir fait ainsi payer le tribut de leurs eaux.

Il remarque aussi que les montagnes boisées ont presque seules le monopole des sources bienfaisantes ; que seules elles ne sont pas ravagées extérieurement par ces impétueux torrents qui bouleversent les montagnes dénudées et leurs vallées inférieures; aussi fuient-ils celles-ci comme un danger, et, si leur fortune y est assise, les regardent-ils avec terreur, tandis qu'ils se reposent insoucieux à l'ombre des montagnes couronnées de bois.

Ils jouissent ainsi des effets, sans tenter de remonter aux causes ; nous sommes, nous, au contraire, obligé de rechercher celles-ci pour y trouver un utile enseignement, pour y découvrir un conseil d'avenir.

On comprend facilement, pour peu qu'on y veuille réfléchir, l'action et l'effet des forêts placées sur les montagnes : un nuage vient-il à s'y arrêter, les masses de feuilles qui s'y plongent comme dans l'eau aspirent intérieurement une partie de sa puissance, la transmettent au tronc et de là aux racines, et la conservent pour leurs besoins ultérieurs ou pour la rendre en fraîcheur humide.

Le nuage éclate-t-il en pluie, l'eau couvre d'abord cette chevelure épaisse et étagée du sol, formée par l'herbe, etc., les arbustes, les taillis, et comme couronnement par le feuillage des grands arbres. Le reste seul arrive à terre, où il pénètre d'autant plus facilement qu'il y arrive

lentement, par petites quantités, que le sol est perforé par des masses de racines introduisant l'eau dans ses profondeurs, et le défendant en même temps extérieurement contre l'érosion des eaux courantes.

Cet effet incontestable des forêts sur les nuages, ce fait qu'elles les attirent, les retiennent, les absorbent, qu'elles divisent la pluie entre tous les degrés superposés de cet épais vêtement de la terre, produit plusieurs autres effets que nous devons signaler.

La pluie tombe en plus grande abondance là où elle ne fait que du bien, là où elle ne produit aucun mal : car elle tombe sur la récolte (le bois) qui s'accommode le plus de la pluie, qui a le plus besoin de fraîcheur;

Car elle n'arrive à la terre que lentement, insensiblement et pour y pénétrer par les mille conduits que lui ouvrent les racines ; car s'il y a flux extérieur, c'est sur un sol couvert d'herbe, pavé de feuilles, armé de souches qui le consolident et où l'eau touche la terre sans l'entraîner : car, au lieu de fluer extérieurement, elle s'écoule intérieurement par les canaux souterrains que leur ouvrent les tiges et les racines, pour reparaître au soleil sous la forme bienfaisante de sources.

Dans son cours d'économie politique, M. Boussingault prouve nettement, et par une foule de faits et d'exemples relevés dans ses voyages, que les eaux diminuent dans la proportion des déboisements,— qu'elles augmentent dans la proportion des reboisements;—que certaines sources, taries à la suite de défrichements, avaient reparu aussitôt que le sol avait été reboisé.

Ajoutons que, dans les conditions des pays boisés, le niveau des ruisseaux et des rivières est maintenu presque toujours constamment égal, et l'humidité est ainsi mesurée aux besoins de la terre.

Nous avions donc raison de dire que les forêts transformaient en bienfaits ce qui est un désastre là où elles manquent.

Si cela n'est pas encore évident, cela va bientôt le devenir.

Dans les pays à montagnes et à pentes dénudées, au contraire, comme le département des Basses-Alpes, des Hautes-Alpes et une partie du Var et de l'Isère, dans nos autres contrées méridionales et montagneuses enfin, on passe des mois, des trimestres, des semestres sans pluie, au milieu d'effrayantes sécheresses, et, à leur suite, arrivent des pluies occasionnelles et d'orage tellement intenses que ces abats d'eau portent partout la ruine et la désolation, produisent des torrents auxquels rien ne résiste, entraînant tout, terre, gravier, rochers, et allant combler de leur infertilité les riches alluvions des vallées, puis les mers par le moyen des rivières et des fleuves.

Ce n'était pas assez de ruiner la montagne et ses pentes, après leur avoir enlevé leur couche cultivable pour la porter dans les bas-fonds, il fallait engloutir encore sous des masses infertiles et inertes les richesses mêmes des vallées et des plaines, et enfouir ainsi ces précieuses alluvions, comme furent enfouies successivement, dans les siècles précédents, les forêts résineuses et non résineuses qui forment nos mines de combustible minéral.

Sommes-nous donc voués nous-mêmes à ces grandes ruines qui renouvellent notre monde, effacent pour toujours l'histoire de l'ancien, et créent ainsi d'abord de nouvelles ruines, puis de nouvelles existences et de nouvelles dates ?...

Nous ne parlons ici que de la France, parce que nous n'avons à nous occuper que de la France ; mais si, pour donner encore d'autres preuves et démontrer la généralité du danger, il nous fallait non pas dire ce qui existe ailleurs (le champ serait beaucoup trop étendu) mais ce que beaucoup ont vu et touché du pied, nous parlerions encore des ravages causés par les eaux dans les chaînes de l'Italie centrale, les Apennins et leurs dérivations.

Nous citerions l'Étrurie ancienne, contrée si fertile autrefois, et aujourd'hui si ravinée, si bouleversée par les eaux, si désolée, que quelques rares bourgades ont peine à y défendre quelques champs contre cette furie toujours envahissante des eaux torrentielles promenant capricieusement leurs ravages sur tous les points, et chassant devant elles les rares populations de ces pauvres pays.

C'est aux environs de Volterra, en Toscane, et de Massa-Maritima, que l'on retrouve les bouleversements de nos Alpes hautes et basses. Ces bouleversements ont été tels, qu'ils ont mis à nu certaines couches terrestres, d'où se sont échappées des eaux nouvelles, apportant à ces pays des produits jusque-là ignorés, l'acide borrassique, connu seulement au Japon et en Chine, d'où on l'extrayait autrefois, suivant Pline, des eaux du lac Chrisocalla pour alimenter les besoins européens.

Pour peu qu'on réfléchisse aux causes qui ont pu stériliser les contrées autrefois les plus fertiles et les plus populeuses du globe, on reste convaincu : 1° que les populations antiques, vivant plus de la terre que de l'industrie et du commerce, devaient toutes s'être agglomérées sur lés terres les plus fertiles, les mieux arrosées et les plus salubres ; 2° que l'accroissement des populations avait amené le défrichement des bois et ses terribles conséquences, l'aridité et la stérilité du sol ; dès lors, la dépopulation par la famine, les maladies et l'émigration.

Telle est l'histoire des puissantes civilisations antiques des Égyptiens, des Assyriens, des Mèdes, des Perses, des Grecs, des Étrusques, des Romains, des Carthaginois, etc. Toutes ces fertilités ont disparu avec les bois et les ombrages qui produisent et maintiennent les sources et les eaux, éléments créateurs de la fertilité.

Mais c'est trop entrer dans les idées spéculatives et creuser la philosophie terrestre, revenons à la question qui nous occupe.

On a pu croire que nous exagérions, qu'il y avait plus d'imagination que de réalité dans nos idées ; nous ne pouvons mieux faire que de renvoyer les plus incrédules à l'exploration des faits, que de leur conseiller une excursion dans nos pays de montagnes, particulièrement dans les Alpes basses et hautes, et dans la partie du Var et de l'Isère qui y touche. Nous ne craignons pas de le dire, devant ces grandes ruines, devant ces incroyables bouleversements, ces ravins où des fleuves pourraient asseoir leur cours, on comprendra que nous n'avons pas encore tout dit, et on se demandera ce que réserve l'avenir à ces malheureux pays de montagnes, si étendus en France : les Alpes, les Pyrénées, les Vosges, le Jura, les chaînes si considérables et si ramifiées d'Auvergne, celles des Cévennes, de la montagne Noire, etc.

Mais, pour ceux qui ne pourraient pas voir, il faut donner ici quelques preuves, nous le reconnaissons : nous allons donc appeler à notre aide quelques autorités.

Contentons-nous de citer :

« Le déboisement des montagnes est une calamité publique, exigeant impérieusement un prompt remède ; beaucoup défrichent, très-peu replantent ; et, parmi les propriétaires de bois, il en est qui ne peuvent, à aucun prix, tirer parti de leurs produits, tandis que certaines villes payent le bois au poids de l'or, et que le commerce extérieur nous en amène pour des valeurs énormes. » ROYER, *Statistique.*

« A une époque ancienne, la majeure partie de ces terres des Basses-Alpes (430 mille hectares aujourd'hui improductifs, et formant plus de la moitié de la superficie départementale) était couverte de forêts, et alors la température de la haute Provence était plus douce, ses eaux mieux dirigées, ses vallées moins encombrées ; la fertilité de cette province était remarquable.

« Aujourd'hui, les montagnes sont presque toutes déboisées........... rien, rien de plus hideux que ces monts hérissés de rochers nus et noirâtres, rien de plus affligeant que le spectacle des vallées, jadis composées des meilleures terres, aujourd'hui couvertes de vastes lits de cailloux. » Rapport de M. Dugied, ancien préfet des Basses-Alpes.

En 1820, M. Dralet (Voir ce travail dans son *Traité des arbres résineux*) constatait les mêmes faits, et d'autres encore : ainsi la destruction des belles forêts résineuses du Tarn, de la Bourgogne, de Vaucluse, des Vosges.

C'est à la destruction du rideau de bois qui abritait les contrées à oliviers, à orangers, etc., qu'il attribue la disparition de ces arbres, aussi bien que la diminution des mûriers dans l'Isère, le Gard, Vaucluse, la Lozère, la Haute-Garonne, l'Ariége, etc. C'est, suivant lui, à la dénudation des montagnes que nos rivières navigables et flottables doivent d'être perdues pour ces utiles industries ; ce ne sont plus des rivières, ce sont des torrents, dangereux dans leurs grandes eaux, insuffisants dans les temps ordinaires, causant des désastres sans rendre aucun service.

Le rapport de M. Blanqui à l'Académie des sciences, et inséré dans le *Moniteur*, deuxième quinzaine de janvier 1844, n'est pas moins énergique et concluant.

M. Blanqui décrit d'abord l'étendue de la contrée, dont la longueur est de près de cent lieues environ. Elle comprend les départements des Hautes et Basses-Alpes, la partie orientale de l'Isère et la partie du Var touchant au Piémont :

« Des phénomènes de détresse inouïe se manifestent sur presque tous les points de la zone montagneuse, et la solitude y acquiert un caractère de désolation et de stérilité indéfinissables.

« La destruction successive des forêts a tari tout à la fois, en mille endroits, les sources et le combustible...... Il existe plusieurs villages réduits à une telle pénurie de bois, qu'on y fait cuire le pain à l'aide d'un combustible composé de fiente de vache, desséchée au soleil. Si quelque chose manquait à l'énergie d'une telle démonstration, j'ajouterais que le pain est généralement cuit pour un an, qu'on le coupe à coups de hache, et que j'ai retrouvé en septembre une des fournées de ce pain, par moi entamée en janvier.....

« Dans ces contrées (Basses-Alpes, Var, etc.), les désastres se multiplient en progression géométrique à mesure que les pentes se déboisent ; les terres supérieures roulent, criblées en galets, dans le fond des vallées, et la ruine du dessus, comme le disait un paysan, sert à précipiter la destruction du dessous..... Les Alpes de Provence sont devenues effrayantes ; on ne peut se faire une juste idée de ces gorges brûlantes où il n'y a plus même un arbuste pour abriter un oiseau..... Si quelque orage éclate, on voit descendre des montagnes des masses d'eau qui dévastent sans arroser, qui inondent sans rafraîchir, et qui laissent la terre plus désolée de leur passage qu'elle ne l'était de leur absence. L'homme se retire le dernier de ces affreuses solitudes ; et je n'ai plus trouvé, cette année, un seul être vivant dans les chétives oasis où je me souviens très-bien d'avoir reçu l'hospitalité, il y a près de trente ans..... La Buèche, le Drack, le Verdon, l'Asse, le Var, et cent autres torrents dont les noms figurent à peine sur les cartes, poursuivent l'œuvre de destruction avec une rapidité qui ne connaît plus de limites.....

« Le sol, dépouillé d'herbes et d'arbres par l'abus du pacage et par le déboisement, se précipite dans le fond des vallées..... D'immenses lits de cailloux roulés, de plusieurs mètres d'épaisseur, couvrent au loin l'espace, cernent les plus grands arbres, les couvrent jusqu'au sommet, et ne laissent pas même au laboureur une ombre d'espérance..... On distingue, à de grandes distances, des torrents étalés en éventail, de trois mille mètres d'envergure, bombés vers leur centre, inclinés sur leurs bords, et s'étendant, comme un manteau de pierres sur toute la campagne..... Dans cinquante ans d'ici, la vallée de Barcelonnette, celle d'Embrun, celle du Verdon, la contrée qu'on appelle le Devoluy, formeront un désert séparant la France du Piémont, semblable à celui qui sépare l'Egypte de la Syrie. » BLANQUI.

Quand les cours d'eau sont de moindre importance et que l'endiguement de leur partie inférieure n'est pas accompagné de plantations dans la région élevée d'où ils descendent, les eaux se précipitent toujours avec leur masse inépuisable de cailloux roulés dont elles tapissent le fond du lit, qui exhausse ainsi continuellement, et qui finit par dominer toutes les terres cultivées.

Le savant ingénieur M. Jurrell assure que l'exhaussement successif des digues du Drack a déjà coûté, seulement depuis quinze ans, plus de 600,000 francs, et que si ces digues étaient surmontées, une partie de la ville de Grenoble serait submergée.

« Depuis quelques années, la destruction du territoire alpin s'opère avec une rapidité et une intensité incroyables. Tant que les arbres et les végétaux qui retenaient le sol sous le réseau de leurs racines ont opposé quelque résistance à l'action des eaux, le mal était partiel et isolé; on souffrait sur quelques points, on respirait sur quelques autres : aujourd'hui on est atteint partout; le défrichement a complété les ravages du parcours et du déboisement. La dévastation marche d'un pas de géant; les instruments de ruine se sont perfectionnés et étendus. Ils ont gagné de la force en se succédant et en se combinant; on ne triomphera d'eux que par des combinaisons d'une puissance égale à la leur; mais il faut se hâter, car l'œuvre d'anéantissement croît à vue d'œil. Rien ne peut arrêter, sur une terre dénudée, ces avalanches d'eau, de pierres et de neiges, qui sont comme les machines colossales du travail de la destruction. Nos pères les ont vues naître, et nos enfants grandir sous leurs yeux. Puisqu'on sait comment elles se sont développées, on peut leur opposer des obstacles capables d'en arrêter l'essor. Puisque c'est le déboisement qui dispose la terre à s'écrouler, il faut planter pour la retenir. Puisque ce sont les troupeaux qui empêchent le reboisement, il faut cantonner les troupeaux; puisque les défrichements favorisent les éboulements, il faut imposer à la culture des conditions et des limites. » (BLANQUI.)

M. Blanqui propose au moins, pour ces quatre départements, de restreindre la circulation des troupeaux; puis de planter en bois, chaque année, de sept à huit mille hectares de terrain aux frais de l'Etat.

Dans les Pyrénées, la destruction des forêts a été aussi rapide que dans les Alpes. Vers 1600, on constata l'existence de 250 mille hectares de forêts. La destruction fut telle qu'en 1670 on voulut la constater de nouveau, et qu'on ne trouva plus que 125 mille hectares. Comme elle continua, en 1795, il n'y en avait plus que 40 mille. (MOUNIER, *Statistique agricole*.)

« La Grèce ancienne était couverte de verdure et de fleurs, elle a été déboisée, et elle est devenue aride et désolée par la sécheresse; les rivières sont devenues des ruisseaux, les ruisseaux ne coulent plus. » (Raoul-Rochette.)

Nous devons nous arrêter dans ces citations, elles pourraient être, non plus concluantes, mais plus nombreuses et plus détaillées; nous en avons assez dit, et le mal est par trop évident : il existe, il est immense, il menace de s'étendre, non pas seulement dans nos montagnes, mais dans nos vallées, dans nos plaines les plus fertiles, dans les contrées les plus riches.

Tous nos grands cours d'eau sont menacés d'ensablement, soit vers leur embouchure, soit avant, alors que, quittant les vallées déclives, leur cours se ralentit, et que les eaux plus lentes déposent le sable qu'entraînait leur rapide mouvement.

Ainsi la Seine présente, à partir de Quillebœuf, des dangers attestés par les mâts des navires ensablés et engloutis.

Ainsi la Loire est d'une navigation de plus en plus difficile, impossible aujourd'hui dans certaines parties anciennement parfaitement navigables.

Ainsi le Rhône, avec ses ensablements supérieurs et inférieurs, est fermé à son embouchure par l'encombrement de son delta, encombrement tel qu'il forme une presqu'île considérable.

Ainsi la Gironde s'emplit de plus en plus, comme la Loire, dans son cours supérieur, et est menacée à son embouchure d'une clôture absolue.

Trois de nos principaux ports, trois villes des plus importantes de France, Bordeaux, Nantes et Rouen, sont donc menacées dans leur existence même; car elles ont été fondées pour la mer, elles vivent surtout de la mer, et elles cesseraient d'être si elles cessaient d'être rattachées à l'Océan.

Ces sables encombrants que transportent nos fleuves proviennent de l'érosion des montagnes par l'action successive ou combinée de la pluie qui mouille, de la gelée qui fendille, de la chaleur qui met en poudre.

Si ces montagnes étaient boisées, l'érosion serait moindre et féconderait au lieu de nuire ; les eaux n'entraîneraient rien, la couche végétale s'élèverait et s'épaissirait insensiblement, et la fécondité remplacerait la stérilité ;

Nos cours d'eau auraient un cours tranquille, plus régulier, ne charrieraient plus ces sables qui les encombrent et menacent de les obstruer.

Le reboisement de toutes les montagnes, des pentes les plus fortes d'abord, ou plutôt des plus exposées, doit donc être le but de mesures législatives les plus énergiques.

Nous avons prouvé que ce pouvait être une question générale d'existence du globe et de la race humaine, que c'était par l'abandon du globe aux ravages des eaux que devaient être survenus les anciens déluges, et que pouvaient être amenés de nouveaux bouleversements.

Cette nécessité d'une défense générale et commune d'un bien possédé en commun devrait être l'objet de traités internationaux entre tous les peuples du monde. Chacun, dans les limites de ses possessions, devrait être obligé à un certain degré d'entretien, comme sont obligés entre eux par les lois civiles de toutes les nations les copropriétaires d'une même chose, d'une même maison, d'une terre.... etc....

Ces bouleversements, ne fussent-ils que partiels et locaux, le mal serait encore assez grand pour mériter d'être arrêté et prévenu ; car la France pourrait perdre ainsi une forte partie de son territoire, et au lieu d'un sol homogène compactement uni et relié, uniformément fertile, cultivé et productif, elle pourrait n'avoir plus qu'un sol découpé en lambeaux, les uns riches et habités, les autres bouleversés, déserts, inabordables ; tous divisés entre eux, sans cette cohésion, sans cet ensemble heureux et fécond qui fait la force et la splendeur de l'Empire français.

Nous avons fini sur la question générale et humanitaire ; la solution n'est pas douteuse, tous les possesseurs de la terre, tous les habitants du globe terrestre ont intérêt au boisement comme moyen de défense contre les eaux, les éboulements de montagnes, etc., le comblement des bassins des mers et des océans, dès-lors le refoulement des eaux sur les continents ; ou encore, par la formule contraire, l'invasion des sables, comme en Asie et en Afrique. Le danger est là : par les torrents, les rivières, les fleuves, la terre est transportée dans la mer qu'elle remplit, et dont les eaux iront prendre leur place ailleurs, sur les terres les plus basses ; en Europe, la Hollande et la Belgique sont ainsi menacées. Un jour leurs digues ne seront plus assez hautes, et la mer reprendra ses droits.

Tous ont également intérêt au boisement, au point de vue du produit du sol, cela n'est pas douteux ; le bois, une fois planté et repris, est un produit spontané, qu'on peut attendre, retarder ou avancer, et qu'on obtient sans travail.

C'est cet intérêt au boisement des surfaces incultes ou peu productives, au maintien d'une juste prohibition de défrichement, qu'il importe maintenant de démontrer.

III. APERÇUS HISTORIQUES SUR LA LÉGISLATION ANCIENNE.

Dans tous les temps, chez toutes les nations, les forêts et les bois étaient placés au rang des objets les plus précieux.

Pour les mieux défendre et les mieux protéger, l'antiquité les consacrait aux dieux les plus vénérés et faisait de chaque arbre une divinité tutélaire ; le chêne était consacré à Jupiter, le pin à Pan, le peuplier à Hercule, etc.

Ancus Martius, 4e roi de Rome, pour mieux défendre les forêts les faisait entrer dans le domaine public ; les décemvirs préposaient des magistrats à leur garde.

Toutes les nations modernes disposèrent leurs lois à peu près de même.

Les rois de France multiplièrent les ordonnances ; ainsi, pour ne pas remonter plus haut, comme nous le pourrions :

Philippe le Bel, en 1302 ;

Louis le Hutin en 1315, dans sa charte aux Normands ;

Charles V en 1376 ;

François Ier, en 1515, 1518, 1543.

Louis XIV et Colbert, dans l'ordonnance de 1669, complétée par des ordonnances postérieures créant un véritable Code forestier, commandèrent d'abord l'emménagement régulier des bois et forêts, puis la défense de couper avant dix, quinze ou vingt ans, enfin celle de rien *entreprendre*, c'est-à-dire innover, ce qui impliquait déjà la défense de défricher ; puis la prohibition explicite du défrichement, appliquée par une foule d'arrêts. Le plus souvent invoqué était celui du Parlement du Dauphiné, du 21 mai 1718, défendant de défricher sur le penchant des montagnes et monts-lieux.

Tel était l'ancien droit français jusqu'en 1791, ceci pour prouver quelle fut, en France, de temps immémorial, la constitution de la propriété forestière, avec quelles traditions, avec quelles restrictions et quelles charges elle passa aux propriétaires actuels ou à leurs auteurs directs.

1791 était déjà la révolution avec ses utopies libérales et aveugles, ses tendances vers 1793 ; on ne discutait pas, on légiféra, et précisément parce que l'*ancien régime* avait défendu le défrichement, on l'ordonna en le permettant : la loi du 29 septembre 1791 rendit aux propriétaires de bois le droit absolu d'en disposer à l'avenir comme bon leur semblerait.

Cette loi était une loi de réaction révolutionnaire, sans but sérieux et réfléchi, aussi disparut-elle avec la révolution.

Sans les préoccupations politiques, sans la guerre intérieure et extérieure, sans la dépréciation de toutes les valeurs, sans l'absence des plus grands propriétaires, l'occupation et l'absorption de tous par des intérêts plus vivaces et plus urgents, c'en était fait de la propriété forestière. Si le calme intérieur et la paix extérieure eussent pu être contemporains de ces onze ans et demi de liberté absolue, la propriété forestière eût été détruite en France ; on eût aveuglément tout vendu et tout arraché et, en vue de ses œufs, on eût tué la poule aux œufs d'or. (Pendant ces onze années et demi de liberté, on défricha plus de 1,500,000 hectares, plus de 130,000 hectares par année.)

D'autres malheurs nous préservèrent de celui-là, et à peine Napoléon était-il premier consul que, tout en combattant, il entrevoyait le danger des défrichements, et, entre deux victoires, il faisait porter cette loi de floréal an XI (29 avril 1803), qui nous ramenait à l'ancien droit français et défendait les défrichements pendant vingt-cinq ans. Il ne pouvait faire plus à cette époque, mais il voulait plus tard compléter sa pensée. L'exposé des motifs et le rapport au tribunat se fondent sur la pénurie des bois, sur la nécessité de conserver au pays un objet de consommation dont le besoin est général, la perte irréparable et la reproduction lente et longue.

Sur cette question si importante, voilà la pensée, voilà la tradition napoléonienne. Les faits postérieurs ne firent que confirmer l'idée qui avait dicté la loi de l'an XI; l'Empereur constitua, comme il savait constituer, l'administration des forêts, telle que nous l'avons encore aujourd'hui, et il faisait élaborer un projet de loi sur les défrichements, lorsque les désastres de 1815 enlevèrent l'homme de génie et le trône impérial.

Ce fut sous la Restauration qu'expira le délai de vingt-cinq ans et qu'intervint, en 1827, le Code forestier ; il prorogea de vingt ans la prohibition de défrichement et y soumit indéfiniment les bois des communes et des établissements publics. Plus tard, les lois de 1847, de 1850 et 1853 étendirent le même délai : les deux premières de trois ans chacune, la dernière d'un an seulement avec promesse d'une loi formelle devant prononcer, non plus dilatoirement, mais au fond, sur cette question importante.

Nous sommes donc pressé par ce dernier délai qui implique, nous ne nous le dissimulons pas, l'impatience du joug ancien, le désir de dispositions législatives nouvelles tranchant la question et déblayant le terrain de ce qu'on s'est plu à appeler longtemps la tyrannie des bureaux et parfois le scandale de concessions soupçonnées.

C'est donc en 1854 que la question sera vidée par une loi, et ce sont les questions à résoudre par cette loi qu'il convient de préparer et d'élucider.

La vieille Gaule était entièrement couverte de bois, c'était, on peut le dire avec vérité, une seule, une immense forêt dont les limites étaient l'Océan, le Rhin, les Alpes, la Méditerranée et les Pyrénées; les Gaulois durent donc défricher pour vivre, et toujours défricher au fur et à mesure de l'augmentation de la population ; les invasions successives de la Gaule activèrent la destruction des bois, et ces peuplades devinrent nation, nation agricole dès lors, car dire nation c'est dire agriculture, puis industrie et commerce. Il ne serait donc pas étonnant que cette tendance au défrichement fût une idée, un instinct gaulois et populaire; car l'esprit gaulois vit toujours en nous, instinct aveugle contre lequel les esprits éclairés, les gouvernants, depuis Charlemagne, Philippe le Bel, François Ier, Louis XIV, Colbert et Napoléon, ont eu toujours à lutter, lutte incessante, animée et stimulée par l'adjonction et le déchaînement des intérêts privés;

Car le bois n'est pas un produit annuel, c'est un revenu qu'il faut attendre vingt ans environ pour les taillis, cent vingt à cent cinquante ans pour les futaies; et cela est bien long!

Car on se laisse tenter par la fertilité amassée pendant des siècles de repos et par les deux ou trois bonnes récoltes à espérer;

Car la prodigalité, l'avarice même, l'ambition, le luxe, toutes les passions, en un mot, poussent au défrichement;

Car les besoins imprévus, les pertes, les grands désastres veulent défricher;

Car l'inconstance, l'activité, l'avidité veulent défricher;

Les héritiers défrichent toujours;

Et personne ne plante, car cela coûte beaucoup, cela s'attend longtemps, pendant une vie d'homme, par exemple : on plante dès lors pour d'autres, ce qui tente peu.

Qu'on s'étonne donc encore qu'il faille une loi pour enrayer toutes ces causes de destruction!

Que le gouvernement ne s'effraye pas; qu'il accepte la lutte, c'est son devoir, sa mission; il est la digue que battent les flots populaires, mais qui défend, comme en Hollande, l'existence de la nation.

Armons-nous donc contre ce vieil instinct, contre ces intérêts aveugles, égarés, isolés, et contre cet autre instinct frondeur qu'on dit aussi gaulois, et qui nous porte à attaquer le gouvernement qui fait notre force. Gardons-nous de même des fâcheuses préventions sorties de nos anciennes luttes.

Dans une petite nation où les conditions du sol et la répartition des forêts seraient uniformes, une règle générale, fixant ce qui serait défrichable et ne le serait pas, serait déjà difficile à asseoir équitablement; elle est bien autrement difficile encore dans une grande nation comme la France, où se rencontrent des bases, des conditions si diverses, si dissemblables, souvent si contraires.

Le tableau suivant fera comprendre ces dissemblances :

Dans les départements des Landes et de la Haute-Marne on compte autant d'hectares de bois que d'habitants.

Il y en a déjà moitié moins (1 hectare pour 2 habitants), dans les départements des Vosges, de la Côte-d'Or, de la Meurthe, du Doubs.

(Mais ces contrées boisées sont précisément celles qui produisent le fer doux, le fer au charbon de bois, et où ce combustible est souvent plus cher et plus recherché que dans d'autres départements ayant trois ou quatre fois moins de produits ligneux.)

Dix fois moins dans d'autres : ainsi dans la Somme, et le Puy-de-Dôme, il n'y a que 1 hectare pour 10 habitants.

Dans le Pas-de-Calais, 1 hectare pour 15.

Dans le Nord, 1 pour 20.

Dans le Morbihan, 1 pour 34.

Dans la Manche, 1 pour 37.

Dans le Finistère, 1 pour 44.

Ces dissemblances sont effrayantes, surtout lorsqu'on réfléchit et qu'on est amené à remarquer que le bois est un produit de première nécessité, devant dès lors être maintenu à des prix peu élevés ; que c'est un produit lourd, encombrant, ne pouvant supporter qu'un petit transport, d'où on est forcé de conclure que chaque pays, chaque département, chaque canton, chaque commune presque, doit produire sa provision de bois, sous peine de voir le prix s'élever au delà des facultés de chacun.

Les autres produits indispensables, le blé, la viande, les matières premières pour vêtements, peuvent facilement être transportés au loin ; le bois, au contraire, ne peut guère supporter qu'un transport d'une journée de bestiaux, c'est-à-dire 8 à 12 kilomètres.

C'est là qu'est la grande difficulté.

On répond toujours par l'argument des houilles ; mais ce produit aussi n'est offert avantageusement que sur place ou sur le littoral des mers, le long des canaux, des rivières navigables et sur le parcours des chemins de fer, c'est-à-dire sur un quart au plus du territoire français.

Puis, et nous ne pouvons trop le répéter, les houilles n'auront qu'un temps, et un gouvernement doit prévoir au delà de la durée des bassins houillers.

IV. DROIT ACTUEL.

Il nous reste à faire passer dans la conviction d'autres esprits, prévenus comme nous l'étions nous-même, la série de faits, de preuves et de déductions devant lesquelles nos impressions ont dû céder.

C'est une tâche difficile, nous le savons ; mais avec des esprits droits, honnêtes, dévoués au bien public et sachant se défendre contre les préventions, ce n'est pas une tâche impossible, et nous espérons faire bientôt partager nos convictions.

Parlons d'abord du droit :

Le droit ancien, le droit immémorial faisait peser sur les forêts une espèce de servitude de non-défrichement qui rend peu favorables les plaintes de ceux dont les familles ont acquis sous cet ancien droit ; le droit nouveau même, à part une lacune (de 1791 à 1803) où la liberté fut absolue, n'est pour nous qu'une considération de second ordre.

Une raison meilleure et décisive, c'est que les avantages immenses de l'état de société ne s'acquièrent qu'à la condition de soumettre les intérêts individuels à l'intérêt général.

Je laisse, en le résumant, parler M. Portalis, rapporteur du Code civil sur la question de propriété :

« La loi doit régler l'exercice du droit de propriété comme elle règle l'exercice de tous les autres droits ; l'indépendance est autre chose que la liberté, le sauvage est indépendant, le citoyen seul est libre, et la vraie liberté n'est qu'une sage composition entre l'intérêt personnel et l'intérêt général. »

La loi civile (art. 544), en définissant la propriété « le droit de jouir et disposer des choses de la manière la plus absolue *pourvu qu'on n'en fasse pas un usage prohibé par la loi ou par les règlements* », permet parfaitement la prohibition de défricher portée par une loi. Elle va même plus loin, elle la permettrait par un règlement.

Les rapporteurs, dans les études et les discussions du Code, sont unanimes sur le droit qu'a la société de restreindre le droit de propriété :

Ainsi Grenier dit que « le Code civil limite l'exercice du droit de propriété selon les cas où l'intérêt général de la société le commande. »

Portalis, après avoir dit que « la loi doit régler l'exercice du droit de propriété comme celui de tous les autres droits », ajoute qu'il est plusieurs cas où l'intérêt privé doit se soumettre devant l'intérêt public.

Le troisième rapporteur, Faure, va droit à la question : « Si, par exemple, la loi ne permet pas que le propriétaire d'une forêt la fasse défricher, c'est une précaution sage qu'elle prend pour la conservation d'un genre précieux de richesse » ; la loi qui défend le défrichement est antérieure au Code civil, le droit n'est donc pas contestable.

Les lois françaises qui défendent le défrichement ou plutôt qui ne le permettent qu'à la condition qu'il ne contrarie pas l'intérêt général, disposent plus généralement encore dans une foule de cas.

Ainsi un pur intérêt fiscal (devenu intérêt général) défend la culture du tabac aux terres non autorisées.

Il impose ensuite jusqu'à quatre fois successivement, et d'un droit souvent exorbitant, des produits qui ont déjà payé l'impôt général des terres : ainsi les esprits, les eaux-de-vie, les vins (droits de circulation, de consommation, d'octroi, de détail).

Il défend le déplacement de ces denrées sans l'accomplissement de formalités nombreuses et astreignantes, on pourrait presque dire vexatoires.

Il défend au propriétaire la vente en détail, permise pour toutes autres denrées.

L'argent est bien réellement et de fait une marchandise, dans tous les cas une propriété, et cependant une loi spéciale sur l'usure a fixé le prix maximum de cette marchandise, de cette propriété, et a frappé de peines sévères, de prison, d'amendes équivalant à une confiscation partielle, le prêt à un taux supérieur au taux légal.

La loi vous oblige à écheniller sur toutes vos terres, à ramoner toutes vos cheminées, à balayer, à arroser la voie publique devant vos maisons.

Vous ne pouvez bâtir sur votre propriété longeant la voie publique qu'après y avoir été autorisé par un alignement. — Vous ne pouvez même bâtir sur votre propriété qu'à une distance de 200 mètres des bois et forêts, ce qui est une prohibition absolue de bâtir sur une partie souvent plus importante que celle qui est affranchie de cette servitude.

Tout cela sans indemnité, à la différence des cas suivants où une indemnité est accordée par la loi.

Vous pouvez être contraint de démolir vos maisons pour les faire rentrer dans un alignement récemment fixé. Au nom de la loi on passe sur vous et malgré vous, on bouleverse votre propriété pour y prendre de la pierre, malgré vous et même sans vous avertir.

On traverse, on coupe, on découpe votre propriété par des canaux, des routes, des chemins.

On vous exproprie même, on vous chasse de chez vous, on rase votre maison qui a été celle de vos ancêtres, celle de votre enfance, on déplace vos tombeaux de famille, on vous blesse enfin dans vos droits les plus chers, dans vos affections les plus vives.

Tout cela au nom de l'intérêt général.

Il y a plus, la propriété n'est pas seulement asservie par l'intérêt général, elle l'est encore par l'intérêt individuel : vous pouvez être contraint, alors qu'il y a nécessité de souffrir de l'écoulement des eaux de votre voisin, de lui livrer un passage à lui, à ses ouvriers, à ses récoltes, à ses bestiaux, à ses charrettes.

Enfin, il faut le reconnaître, cette servitude dont vous vous plaignez tant, cette servitude découlant de l'intérêt général, est une loi, une servitude qui atteint toutes les propriétés sans exceptions, frappe tout, assujettit tout, même vos personnes.

Car vous ne pouvez chasser chez vous sans payer un port d'armes de 25 f., circuler sans payer un passeport, franchir une frontière, une ligne d'octroi ou même faire un mouvement quelconque sans être soumis à un droit de visite ; votre domicile même n'est inviolable à aucune époque, à aucune heure du jour et de la nuit ; vos papiers les plus secrets peuvent être saisis, explorés, votre personne enfin peut être violentée, incarcérée, mise au secret. — Tout cela prouve que la loi suprême des sociétés est l'intérêt général, que tout, choses, propriétés, personnes, affections, tout doit subir cette lourde, suprême, mais indispensable loi de l'intérêt général.

Le sauvage est indépendant sous l'asservissement des choses et des hommes.

Le citoyen est libre sous la protection et l'observation des lois seules. Telle est la loi, nous ne craignons pas dire la douce loi, de nos sociétés modernes.

Ne marchandons pas avec elles à l'occasion des propriétés boisées, et ne nous plaignons pas d'être obligés de continuer de jouir à l'état de forêt

d'une propriété que nous avons acquise ou recueillie à l'état de forêt avec cette servitude souvent bien entendue et utile de non-défrichement : ne nous plaignons pas plus que ne le font d'autres intérêts plus susceptibles, aussi sérieux et plus contrariés.

Le principe de liberté absolue n'existe donc jamais, pas plus à l'état sauvage, où le plus fort asservit le plus faible, qu'à l'état de société ou de civilisation, où la liberté de tout et de tous serait destructive de tout bien-être, de toute sécurité, de toute liberté.

La liberté sociale, c'est-à-dire la liberté réglée par la loi, par l'intérêt général et commun, est la meilleure et la plus sûre des libertés.

La servitude forestière était plus lourde avant 1789, plus lourde même de 1803 à 1827 et même 1837, car elle était soumise aux besoins de l'administration des poudres qui exerçait un droit de préemption sur certains bois de charbon, aux besoins de l'artillerie qui prélevait ses bois de charronnage, enfin aux besoins de la marine qui exerçait son droit de martelage avant toute espèce de coupe.

Ces trois servitudes sont aujourd'hui effacées.

Il ne reste plus que celle qui ne permet le défrichement qu'autant que l'intérêt général n'en doit pas souffrir.

Mais nous l'avons prouvé, en France aucune propriété n'est affranchie de servitude, tous les intérêts privés sont sagement et logiquement soumis, disons mieux, asservis à l'intérêt public.

Maintenant que le droit est bien établi et prouvé, abordons résolûment la question plus tourmentée que sérieuse du défrichement.

Nous avons déjà prouvé l'utilité des forêts comme moyen de défendre nos montagnes, nos collines, toutes nos pentes un peu rapides contre l'entraînement des terres par les eaux pluviales;

Comme moyen de défense du territoire national : les forêts, accessoires et auxiliaires des places fortes, étant des forteresses naturelles où les armées envahissantes doivent craindre de s'engager;

Comme moyen de conserver les conditions tempérées de notre heureux climat, d'abriter nos plaines contre la fureur ou l'inclémence des vents, de maintenir nos sources et les bienfaisantes fertilités qu'elles ont créées et qu'elles entretiennent, d'empêcher les inondations et les ravages qui en sont les suites ;

De prévenir la création des torrents et d'arrêter les désastres et les ruines qu'ils promènent sur leur passage ;

De défendre enfin le globe terrestre contre de nouveaux cataclysmes. Nous pouvons ajouter que les grands végétaux, dès lors les forêts surtout, soutirent l'électricité de l'air, diminuent ainsi les accidents de la foudre, et, ce qui est plus important encore, diminuent les cas de grêle, puisqu'il est prouvé que c'est l'électricité qui la produit.

Les forêts sont un groupe d'innombrables paratonnerres et de paragrêle.

C'est dans ces généralités que nous avons laissé la question. Il nous faut maintenant l'examiner dans son ensemble et ses développements logiques.

V. DÉDUCTIONS STATISTIQUES.

Nous avons plusieurs statistiques du sol français :

1° La première, celle de Vauban, fondée sur des appréciations sans bases sérieuses en apparence (un arpent de terre), et cependant, chose étonnante ! confirmée à peu près par des renseignements postérieurs les plus précis.

Cette statistique porte à 53,315,000 hectares l'étendue totale du sol français.

2° La statistique ordonnée par la Constituante, décrétée par l'Assemblée nationale (1790) et préparée par Lavoisier, ne paraît être que la reproduction, légèrement modifiée, du travail de Vauban.

Cette statistique ajoute 310,600 hectares au chiffre de Vauban (il eût fallu le diminuer, au contraire) et porte le total de 53,625,600 hectares.

Napoléon, en 1808, institua, sous le nom de statistique générale de France, une administration chargée de cet immense travail, mais cette institution fut brisée en 1814.

Nous n'enregistrons que comme mention, parce que ce n'est qu'une évaluation, le travail de M. Hennet, directeur du cadastre, aussi bien que la statistique du comte Chaptal, qui a légèrement modifié M. Hennet.

3° La statistique de 1840 (relevée par Royer en 1843) basée sur les données précises du cadastre, et, pour les parties non cadastrées, sur des appréciations approximatives de l'impôt, travail presque officiel, portait la contenance du sol français à 52,768,612 hectares.

Ce chiffre se divise :

En terres imposables..............	49,878,204
En terres non imposables, domaines de l'Etat, routes, chemins, rues, lacs, fleuves, rivières, ruisseaux........	2,890,408

4° La même statistique, relevée en 1846 par Mounier avec 2 hectares de moins, 52,768,610.

(Les mêmes chiffres sont reproduits dans la statistique de M. Block, imprimée en 1851.)

5° Enfin la statistique prise sur les documents officiels, en 1848, par Moreau de Jonnès, et qui donne un total de 53,149,524 hectares.

Les notions actuelles (1853) modifient assez sérieusement ces chiffres pour que nous croyions utile de produire les chiffres nouveaux.

Aujourd'hui le cadastre fixe à 52,153,000 hectares la contenance totale des quatre-vingt-six départements de la France, dont 49,339,500 imposables et imposés, et 2,773,500 non imposés.

Les 49,389,500 hectares imposés se divisent en chiffres ronds, comme suit :

Terres labourables. . . . . hectares, dans lesquelles 6,700,000 hectares de jachères (ces 6,700,000 hectares de jachères supposent 12 à 15 millions d'hectares de terres mauvaises et médiocres, divisées en assolement de 2, 3 et même 4 ans).	25,600,000
Prés.	5,159,200
Vignes.	2,088,000
Bois (imposés).	7,688,300
Vergers, pépinières, jardins.	627,700
Oseraies, aulnaies, saussaies.	64,400
Carrières et mines.	3,600
Murs, canaux d'irrigations, abreuvoirs.	17,400
Canaux de navigation.	12,300
Landes, pâtis, bruyères, tourbières, marais. . . . . . Rochers, montagnes incultes, terres vaines et vagues. .	7,138,300
Etangs.	177,210
Olivie	90,100
Amandiers.	4,200
Mûriers.	14,900
Châtaigneraies.	559,000
	49,244,610
Contenant des propriétés bâties.	244,900
Total général.	49,499,510

Les 2,763,579 hectares non imposés se divisent ainsi :

	Hectares.
Routes, chemins, rues, places, promenades publiques. . .	1,102,100
Rivières, lacs, ruisseaux.	479,600
Forêts impériales, domaines non productifs.	1,047,700
Cimetières, presbytères, églises, bâtiments publics.	14,700
Autres objets non imposables.	159,400
	2,803,500

Après avoir donné ces contenances générales, nous n'avons guère ici à nous préocccuper que des deux subdivisions suivantes :

Bois.

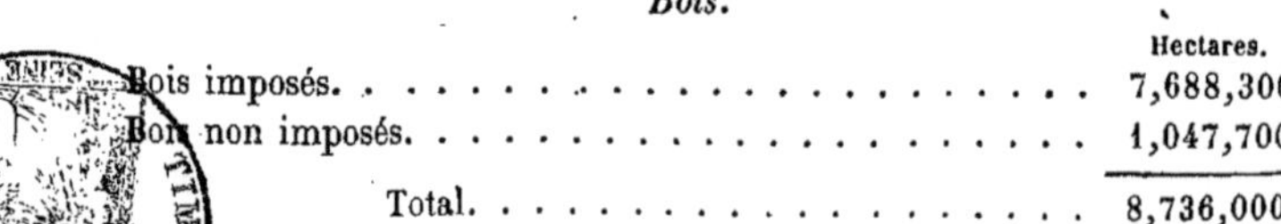

	Hectares.
Bois imposés.	7,688,300
Bois non imposés.	1,047,700
Total.	8,736,000

	Hectares.
Divisés en forêts impériales	1,047,700
Bois communaux et des établissements publics	1,938,200
Bois de particuliers	5,750,100
Total égal	8,736,000

Dont :

Futaies résineuses	1,216,000
Futaies feuillues	750,000
Taillis sous-futaies	4,160,000
Taillis simples feuillus	2,010,000
Taillis simples résineux	500,000
	8,636,000

L'administration des forêts n'accuse, elle, que 8,556,578 hectares, répartis comme suit :

Forêts impériales	1,057,343
Forêts de la Couronne	67,032
Bois des communes et établissements publics	1,820,603
Bois des particuliers	5,611,999
Total	8,556,977

Mais prenons le total le plus élevé, celui du cadastre.

LANDES, TERRES INCULTES.

Landes imposées	7,138,282
Appartenant aux communes	2,744,672
— aux départements	21
— aux hospices	13,938
— aux séminaires	583
— aux fabriques	3,916
— aux congrégations	1,332
— aux consistoires	340
— aux établissements de charité	211
— aux bureaux de bienfaisance	1,095
— aux sociétés anonymes	31,597
— aux établissements divers	227
— aux particuliers	4,340,330
Total égal	7,138,282

A ce chiffre il convient d'ajouter :

1° 736,000 hectares de landes, classées à tort dans les bois, comme nous allons l'expliquer	736,000
2° 600,000 hectares de vides dans les forêts	600,000
3° Et ensuite, comme terres improductives, les 6,700,000 hectares de jachères annuelles	6,700,000
Total général des terres sans produits	15,174,282

C'est en effet sur ces deux chiffres des bois et des landes que nous devons concentrer toute notre attention, car ce sont eux qui posent et ce sont eux qui doivent résoudre la question de défrichement.

Parlons d'abord des bois : sur 8,736,000 hectares inscrits par le cadastre, il y en a 736,000 au moins qui ne sont que de véritables landes dans lesquelles on compte à peine quelques cépées de bois ; et on s'étonnera moins de ce résultat, si on veut apprécier l'esprit qui a dirigé les opérations cadastrales.

D'abord, partout la grande majorité des classificateurs était assurée aux petits propriétaires cultivateurs qui marchaient, tenacement unis dans leur intérêt, vers ce but injuste, grever les bois qui appartenaient aux grands propriétaires, presque toujours étrangers à la localité, pour dégréver d'autant les terres cultivées et possédées par les petits propriétaires. Tout était alors bois pour eux, et ils classaient comme bois les landes ayant quelques cépées. Les prétendus bois, payant au delà de leur juste part dans le contingent communal, dégrévaient d'autant les terres de la petite propriété.

Les employés du cadastre devaient forcément accepter ces classifications, et ils le faisaient d'autant plus facilement qu'on avait déjà agi de la sorte dans les opérations qu'ils continuaient, et qu'ils trouvaient, en outre, dans les communes anciennement cadastrées, des bois déjà transformés en landes par le pacage et antérieurement classés comme bois ; ils croyaient ainsi suivre une tradition équitable et formelle, et ils ne remarquaient pas assez, pour une partie des landes, que la transformation des bois en landes était postérieure au cadastre.

Ajoutons que, dans les bois proprement dits, on calcule encore sur 1/15e de vides ou clairières (clairières qui viennent se classer dans les landes et se déduire comme elles), et que l'administration des forêts accuse elle-même 600,000 hectares pour ces vides et clairières dans tous les bois de l'empire.

Restent donc 7,400,000 hectares de terrains boisés dans lesquels on trouve 1,400,000 hect. au moins où les cépées sont moins rares, mais peuvent à peine s'élever et ne produisent que du fagot court et du menu bois, dont le produit enfin paye à peine l'impôt et la façon. Ce ne sont pas des bois, ce sont des broussailles.

Restent alors 6,000,000 d'hectares de bois réellement productifs,

Dont environ en chiffres ronds		de 1re classe	1,000,000
—	—	de 2me	2,000,000
—	—	de 3me	3,000,000

Voilà à quoi se réduit réellement la puissance forestière de la France, M. de Martignac, ministre, était donc dans la vérité lorsqu'il affirmait, pendant la discussion du Code forestier (1827), que la France n'avait pas plus de 5 à 6 millions d'hectares de bois.

Et encore ces 6 millions d'hectares sont-ils divisés en 4,500,000 hectares de bois feuillus;

Id. en 1,500,000 hectares de bois résineux.

Ajoutons que ce chiffre des bois résineux, qui était exact il y a 8 à 10 ans, a beaucoup augmenté depuis lors, car le chiffre général des forêts étant resté à peu près stationnaire, malgré les défrichements considérables qui ont été accordés, il s'ensuit que les bois résineux ont remplacé les feuillus, et, en effet, la Marne a reboisé en résineux plus de 22,000 hectares, la Gironde plus de 10,000, les Landes plus de 10,000, Loir-et-Cher plus de 10,000, etc., etc.

Nous avons de très-sérieuses raisons de penser que ces évaluations ne seront point contredites par l'administration.

6 millions d'hectares, formant environ le neuvième de la France, suffisent-ils, suffiront-ils longtemps, maintenant que les réserves en futaie dans les bois des particuliers sont épuisées ;... maintenant que, dans l'intérêt des terres cultivées, on les a débarrassées de leurs grands arbres de bordures : maintenant que la coupe des taillis a été avancée de plusieurs années et que les ressources ont été sacrifiées ou diminuées ?...

Il faut en douter.

La disette de bois existe partout, les bois de marine manquent partout, leur prix s'élève ; les bois d'œuvre manquent, les bois de feu sont à un prix exorbitant.

Jusqu'ici on n'a pas encore senti cette disette, parce que l'œuvre de destruction des anciennes futaies, des futaies sur taillis, des vieux taillis, des bois de bordures, se continuait et s'achevait ; mais nous sommes à la fin de ces réserves paternelles ; on a même déjà anticipé sur les coupes de taillis, on a réduit leur âge, c'est-à-dire leur aménagement, de plusieurs années ; tout cela va diminuer le rendement annuel, et nous nous trouverons tout d'un coup devant une véritable pénurie, devant une disette de bois. Je ferais mieux de dire que cette pénurie existe déjà ; la preuve, c'est que notre marine achète de plus en plus tous les ans à l'étranger, et, chose déplorable ! qu'elle y achète à des prix supérieurs à ceux qu'elle accorde aux bois français... ce qui prouverait qu'elle ne trouve pas en France, car le gouvernement n'a aucun intérêt à acheter à l'étranger, et plus cher (130 à 150 fr. le stère.)

La preuve, c'est le chiffre très-élevé de nos importations de bois, chiffre que nous consignons dans le tableau suivant :

Valeur en argent des bois de service et de chauffage importés.

En 1848	31,958,934	En 1849	44,688,469
En 1850	50,429,267	En 1851	52,465,603
En 1852	63,119,543		

La preuve encore, c'est qu'aussitôt que les affaires reprennent, que la consommation augmente, le prix des bois d'approvisionnement des grandes usines augmente dans une proportion exorbitante, bien que ces usines, pour modérer cette hausse et ne pas en être les premières victimes, aient recours, autant que faire se peut, au combustible minéral, à la houille, même à la houille étrangère. (Toutes les usines de l'Est, Bas-Rhin, Moselle, Meurthe, Vosges, Meuse, Ardennes, Haute-Marne, consomment les houilles de Prusse.)

La preuve, enfin, c'est que ces importations étrangères ont lieu pour toute espèce de bois, bois de feu aussi bien que bois d'œuvre.

Cette pénurie pousse à tenter de transformer toutes les industries : ainsi, on a voulu construire des navires en fer et en tôle, et on s'est arrêté dans cette voie, car les marines de guerre repoussent ce mode de construction des bâtiments, parce qu'ils résistent beaucoup moins au feu de l'ennemi, et que leur destruction est trop prompte.

Dans tous les pays, et même en Angleterre où le fer envahit tout, on ne construit donc plus en fer que les plus petits navires ou les grands bateaux à vapeur transatlantiques.

Ainsi encore on substitue au bois la fonte et le fer dans la construction des maisons. Mais ici, quoique en apparence il semble que tout soit économie sur le bois, en réalité, comme le bois entre dans la fabrication de nos meilleurs fers pour moitié au moins de leur valeur, c'est encore dans les forêts françaises qu'on puise les moyens de fabriquer le fer français ; c'est du bois de feu transformé en charpentes de fer pour remplacer des charpentes de bois.

Les chemins de fer eux-mêmes ne sont-ils pas autant des chemins de bois que des chemins de fer, et ne faut-il pas des masses de bois pour les établir et les entretenir, sans compter celui qui a été consommé pour créer une partie des fers de choix et des fontes qui y sont employés?...

Arrêtons-nous un peu ici pour apprécier cet énorme emploi du bois d'œuvre. C'est là un nouveau besoin sur lequel on n'avait pas compté, soit lorsqu'on aliénait les bois de l'Etat avec une injuste et désastreuse permission de défrichement, soit lorsque par là on était entraîné, dans la logique de la justice, à accorder de plus en plus facilement, comme le prouveront les chiffres que nous donnerons plus tard, de semblables permissions pour les bois de particuliers.

L'ancien réseau de chemins de fer antérieur à 1848 devait déjà absorber 3 millions de stères de bois, ou 81 millions de pieds cubes pour sa création. (Nous ne parlons que des traverses ou assises, et non du bois à employer dans les bâtiments, les barrières et les clôtures.) Plus, son dixième d'entretien, c'est-à-dire 300 mille stères par an, ou 8 millions 100 mille pieds cubes. Ce réseau a été plus que doublé par les heureuses et hardies concessions napoléoniennes ; il faut donc au moins doubler les chiffres que nous avons posés ci-dessus, ce qui donne 162 millions de pieds cubes pour l'établissement, et annuellement 16 millions 200 mille pieds cubes pour l'entretien, chiffres énormes, et représentant des sommes considérables.

Il faudrait même encore ajouter à ces chiffres, car on a concédé depuis que nous écrivons, car on concède fréquemment, car il y a bon nombre de concesions étudiées par l'Etat, approuvées en principe par lui et sollicitées par des compagnies à des conditions qu'on ne peut refuser, puisque plusieurs offrent de se charger absolument de tous les travaux, sans rien demander au gouvernement.

On peut donc prévoir que la création de nos chemins de fer anciens, de ceux en voie d'exécution et de ceux à concéder d'ici à dix ans, ne demandera pas moins de 8 à 10 millions de stères de bois d'œuvre dès ors, annuellement ensuite plus de 900 mille stères d'entretien à 60 ou 65 fr. le stère mis en place.

Ajoutons encore les besoins de notre marine qu'on veut augmenter, les constructions gigantesques qui s'accomplissent à Paris, et qui, par imitation et entraînement, commencent dans les départements, et prévoyons, si nous le pouvons, l'immensité des besoins des bois d'œuvre de toute espèce, aussi bien que de bois de feu, car le bois de feu est aussi rare et aussi recherché que le bois d'œuvre, et nos usines à fer doux et au bois peuvent si peu suffire aux demandes, que le gouvernement, frappé de l'insuffisance de nos produits et de l'obligation de subvenir à d'impérieux besoins, a cru devoir ouvrir nos frontières aux fers, aux fontes, aux combustibles étrangers!

Ne comprend-on pas que parler de défrichement à cette heure, c'est contredire, c'est ruiner à l'avance tout ce qu'a fait, tout ce qu'exécute, tout ce que projette le Gouvernement? Vouloir diminuer la production du bois, alors que les besoins sont si nombreux, c'est vouloir couper court au mouvement donné, arrêter tout, substituer les chômages au travail, la misère à l'aisance, contraindre enfin le gouvernement à ouvrir nos frontières à tous les produits étrangers, comme il vient de commencer à le faire sous la pression de besoins impérieux, et cela au grand détriment de notre industrie métallurgique.

Mais, dit-on, nous avons dans nos bassins houillers des ressources immenses, et qui remplaceront le bois de nos forêts.

Là-dessus, on fait des calculs qui prouvent que l'Angleterre a encore dans ses houillères pour plus de 300 ans de combustible minéral, que la France en a elle-même pour plus de 200 ans.

Ce sont là des chiffres fort risqués, et que, dans tous les cas, avec des appréciations plus raisonnées et plus raisonnables, il serait très-facile de réduire à des proportions bien moindres.

Les savants ont voulu apprécier la puissance de ces réserves, et ils ont donné à celles de France, les uns, une durée de 100 ans; d'autres, de 200, *pourvu que la consommation n'allât pas toujours croissant;* or, elle va toujours croissant, à ce point qu'elle double tous les dix ans; c'est donc accorder beaucoup que de croire que nos mines auront une durée de 120 à 150 ans. Alors le combustible ligneux restera seul en présence de besoins surexcités par le capital houiller, cette réserve, ce trésor ancien qu'on exploite, qu'on épuise, qu'on dilapide ! Lorsque ce capital sera épuisé, les besoins se trouveront au moins doubles de la production, et c'est alors qu'on risquera de voir se réaliser la prophétie de Colbert : *que la France périrait par défaut de combustible.*

Remarquons encore que la France n'a réellement que deux bassins houillers, l'un sur les frontières du Nord, se rattachant au bassin belge ; l'autre au centre de la France, dans le plateau de la Haute-Loire et de l'Auvergne.

Que, pour remplacer le bois, il faut que la houille soit à bas prix, c'est-à-dire qu'elle se trouve à peu près sur place et n'ait pas à supporter un long transport, chose impossible en France, où certaines contrées resteront éloignées de cent lieues, plus ou moins, des extractions houillères françaises.

Le combustible doit donc être un produit de chaque localité, car chaque localité a besoin de ce combustible, et c'est une marchandise lourde et peu transportable.

Que, la vie d'une nation étant indéterminée, il faut toujours prévoir l'époque d'épuisement des bassins houillers, qui ne se reproduisent pas, et ménager à la France la ressource de ses forêts, qui se reproduisent continûment et sont dès lors, en définitive, la seule ressource sur laquelle on puisse et doive compter, la seule base sur laquelle on puisse asseoir l'avenir du pays et la satisfaction de ses besoins.

Qu'il faut donc tenir le plus grand compte de ce qu'il y a d'important dans l'immense consommation de la houille en France, non pas pour délaisser la production du bois et permettre la destruction des plus belles forêts par le défrichement, mais pour prévoir longtemps à l'avance l'immense déficit que produira un jour l'épuisement des houillères et être prêt à y faire face, d'abord par la conservation rigoureuse de ce que nous avons aujourd'hui, ensuite par le boisement d'une forte partie de ces 8 à 9 millions de surfaces improductives ne pouvant produire autre chose que du bois et devant dès lors, en bonne économie, être appliquées à cette utile production qui n'enlève rien à l'agriculture, qui lui fournit au contraire son combustible, ses bois d'œuvre, des litières, des herbes, là où il n'en viendrait pas sans l'abri du bois ; qui ne détourne aucun de ses travailleurs et les retient au contraire, en leur donnant du travail, dans la saison où l'agriculture ne peut leur en fournir.

Qu'il faut d'autant plus le faire, que la houille, qui peut momentanément et par les environs de ses gisements remplacer le bois de feu, ne peut remplacer les autres productions de nos forêts : ainsi les bois de charpente, de menuiserie, d'ébénisterie, de charronnage, de tonnellerie, et les mille emplois du bois dans les industries diverses. Car le bois entre dans la consommation de toutes les industries.

N'oublions jamais les grands principes de l'économie politique : au point de vue national, la seule richesse sérieuse, c'est celle qui se reproduit, c'est la terre par-dessus tout.

Un trésor découvert est peu de chose auprès d'une augmentation dans la fertilité d'une propriété ; car c'est là un trésor annuel.

La mise en valeur d'un gisement houiller n'est qu'un trésor plus ou moins important, mais s'épuisant et ne se reproduisant pas.

La richesse n'est acquise que lorsqu'il y a transformation en une valeur productive, c'est-à-dire se reproduisant indéfiniment.

C'est donc toujours là qu'il faut arriver. Et comme la terre est le capital le plus solide, se prêtant le plus à une augmentation de produits, dès lors de valeur, qu'elle a une fixité de nationalité que n'a pas tout autre capital, c'est à la richesse terrienne que doit viser tout gouvernement intelligent. Celle-là seule produit réellement l'impôt, l'impôt durable, fixe, invariable ; celle-là seule est la ressource des mauvais temps, des mauvais jours ; plus on l'aura enrichie précédemment, plus on pourra lui demander dans les grands désastres, dans les moments suprêmes ; et comme aujourd'hui avec une grande nation l'argent sauve de tout, c'est dans la richesse que gît la force.

Comme on l'entrevoit déjà et comme nous allons le prouver d'une manière irréfragable, ce n'est pas par les défrichements qu'on augmentera la production nationale, puisqu'il faut perdre d'un côté ce qu'on peut gagner de l'autre, puisqu'il faut laisser inculte une surface égale à celle qu'on veut transformer ou cultiver ; ou, en donnant moins d'engrais à l'ensemble, obtenir un rendement moindre par hectare cultivé.

On ne peut donc pas se décider à laisser réduire encore le chiffre déjà si réduit de nos existences forestières.

Mais eût-on écarté tous ces besoins, répondu à toutes ces objections, le défrichement serait-il possible, serait-il un bien ?...

Ici la question change entièrement de face, et nous entrons dans un autre ordre d'idées :

VI. — DÉDUCTIONS AGRICOLES.

Nous avons déjà établi d'une manière complète et péremptoire, ainsi que d'autres, du reste, l'avaient justifié avant nous, que la puissance forestière de la France n'était pas réellement de 8 millions 736,000 hectares, comme le cadastre paraissait le dire, mais que, soit à cause de vides et clairières, soit à cause des classements intéressés, faits par la petite propriété, maîtresse absolue et tyrannique des opérations cadastrales, soit par des déboisements postérieurs opérés surtout par le pacage (pouvoir de destruction cent fois plus redoutable et plus puissant que le défrichement, et qu'il faut arrêter si on ne veut voir tout détruire), la propriété forestière et productive, en France, ne dépassait pas six millions d'hectares. Or, comme il fallait reporter à la classe des landes ou des terres sans produits les 736,000 hectares que nous retirions de la classe des bois, et les 600,000 hectares de vides dans les forêts, cela élevait le chiffre des terres improductives de 7 millions à 8 millions 500,000 hectares environ.

C'est donc sur la signification de ces chiffres ainsi modifiés, d'un côté 6 millions d'hectares en bois, de l'autre 8 millions 500,000 hectares de terres improductives, que nous avons encore à réfléchir et à raisonner, non plus au point de vue de la production ligneuse, mais à celui de la production agricole.

Ce chiffre de 8 *millions* 500 *mille hectares en terre absolument improductives*, alors qu'on sait qu'il y en a encore 6 *millions* 700 *mille hectares qui restent annuellement en jachères* et ne produisent pas, ne paraît-il pas effrayant dans un pays comme la France, dans un pays tempéré, où chaque saison apporte ses bienfaits, où le soleil n'a que des ardeurs, l'hiver que des froids nécessaires, où les pluies et les sécheresses s'équilibrent dans des conditions telles qu'on eût pu les désirer et les demander, où tout paraît créé pour l'homme, pour la plus grande fertilité de la terre, où toutes les richesses enfin des autres climats ont pu s'acclimater et se trouver réunies ?

L'étranger n'y pourrait croire, le Français ne peut le constater qu'avec surprise et regret ; nous ne nous y arrêtons que pour nous étonner qu'avant de détruire une production qui existe, une production utile, indispensable, on ne songe pas à mettre en valeur ce qui ne produit rien. Car si on ne cultive pas ces 8 millions 500 mille hectares de friches et ces 6 millions 700 mille hectares de jachères, en tout plus de 15 millions d'hectares de terre, c'est qu'il faut des bras pour les cultiver, des engrais pour les fertiliser, et que tout cela manque en France.

Ici une première réflexion se présente naturellement à l'esprit.

Avant de vouloir toucher à ce qui produit, touchez d'abord à ce qui ne produit pas ; cultivez ce qui ne produit rien avant de détruire, pour le cultiver mal, ce qui produit quelque chose.

Comment peut-on penser à anéantir un produit spontané s'élevant sans culture et sans engrais, pour substituer ce qui va exiger, ce qui nous manque si calamiteusement, la main-d'œuvre, la culture et l'engrais?

Qui se plaint donc en France de la prohibition de défrichement? Ce n'est ni le commerce ni l'industrie, dont l'avenir est menacé par la liberté de défricher ; ce ne peut être l'agriculture, dont l'impuissance et l'insuffisance ne sont que trop évidemment constatées, d'abord par ces 6 millions de terres en culture abandonnées tous les ans à la jachère, faute de bras et d'engrais (ce qui suppose 12 à 18 millions d'hectares soumis à ce repos tous les deux ou trois ans, selon l'assolement, et ce qui réduirait à 11 ou 12 millions les terres arables cultivées en céréales et réellement fertiles en France).

Ce ne peut être l'agriculture, qui souffrira plus que toute autre industrie de la rareté et de la cherté du bois, car elle en souffrira dans ses besoins personnels et matériels.

Si ce n'est ni le commerce, ni l'industrie, ni l'agriculture qui se plaignent, qui donc souffre et réclame ?...

Nous ne voudrions pas passionner une question qu'il faut discuter et résoudre froidement et impassiblement, mais nous sommes obligé de l'avouer, ceux au nom de qui on réclame sont en dehors des trois grandes classes laborieuses que nous avons citées ; ils n'appartiennent ni au commerce, ni à l'industrie, ni à l'agriculture proprement dits, car ils ne sont réellement ni commerçants, ni industriels, ni cultivateurs ; ce sont quelques propriétaires de bois qui souffrent, dit-on, d'une servitude qui n'atteindrait pas (et en cela on se trompe, nous le prouverons) d'autres propriétés.

Ici j'ai besoin de protester contre cet esprit odieux d'envie et de haine que ceux qui ne possèdent pas portent par fois à ceux qui possèdent ; je tiens la propriété et la famille pour les bases fondamentales de nos sociétés, pour le lien qui les unit, les groupe, les soutient et les fait vivre ; je ne voudrais pas jeter le plus petit blâme sur la propriété, détacher la plus petite pierre de cet édifice social, déjà si rudement ébranlé et éprouvé ; je veux même ajouter que j'appartiens à la classe des propriétaires, et que personnellement je me trouverais bien et tirerais grand parti de la liberté de défrichement.

Qu'on excuse cette immixtion personnelle, si petite et si insignifiante dans un si grand débat : elle prouve un fait, c'est le défaut d'intérêt ou plutôt l'intérêt contraire à la solution que je proposerai et, dans ce siècle qu'on qualifie d'égoïste, il peut avoir quelque importance dans la discussion.

En masse donc ceux qui profiteraient, et j'ajoute avec intention ceux qui profiteraient *momentanément* de la liberté de défrichement, sont de grands propriétaires de forêts auxquels la spéculation a offert des prix considérables de forêts défrichables, s'ils pouvaient vendre avec faculté de défrichement.

Le danger est bien moins alors dans le défrichement par le propriétaire que dans le défrichement par la spéculation ou par le prodigue obéré ; la spéculation s'enrichirait de ce que perdrait le petit propriétaire, entraîné comme il l'est toujours par son désir de s'étendre.

Mais rentrons dans la question. La main d'œuvre manquant aux travaux agricoles, la main-d'œuvre devient le cadre trop étroit où se mesure la quantité des terres cultivées. Nous ne cultivons pas ce que nous voulons, mais ce que nous pouvons ; nos terres incultes, nos jachères, le disent assez ! Il y a là contrainte, force supérieure, auxquelles nous sommes forcés d'obéir.

Devant cette limite infranchissable, devant cette nécessité, les produits spontanés s'obtenant sans main-d'œuvre, ne détournant pas les bras retenus ailleurs, les produits spontanés doivent être la ressource de la France, puisque pour ces produits il n'y a plus de limites autres que l'étendue des terres ; or, le bois est le premier des produits spontanés, à la différence d'un autre produit spontané, aussi fort utile, l'herbe, qui a le tort, au point de vue de la main-d'œuvre, de se récolter tous les ans à une époque précise et impérieuse et dans une des saisons les plus chargées de travaux agricoles.

A tous égards le bois est donc un produit à rechercher, car il est de première nécessité, car il manque, car il vient spontanément, et sa récolte, quoique mûre, peut s'attendre des mois et des années, car encore elle se fait forcément à une époque où tout travail agricole est interrompu, dans l'hiver, cette morte saison de l'agriculture et de quelques autres industries ; elle offre ainsi du travail à ceux qui en manquent et fait disparaître une déplorable lacune, un chômage qui amènerait des migrations et ajouterait au dépeuplement des campagnes. Elle prévient dès lors une perte énorme du capital national.

On a déjà trop défriché, témoin nos huit à neuf millions d'hectares improductifs ! témoin en outre nos six millions d'hectares de jachères ! Plus on défrichera, plus s'augmentera ce déplorable chiffre, attestant nos misères culturales, notre insuffisance effrayante.

La population s'accroît annuellement en France de 140,000 habitants ; chose déplorable, elle s'accroît au profit des villes, non au profit de l'agriculture, qui produit presque seule cet accroissement, perd de plus en plus et se voit abandonnée par ses travailleurs nés d'elle et élevés par elle !

La consommation augmente donc toujours, tandis que la production, si elle ne diminue pas, reste tout au moins à peu près stationnaire. Toutes ces raisons commandent au gouvernement d'aviser à rétablir l'équilibre au profit de l'agriculture proprement dite : d'autres diront ce qu'il y a à faire pour cela, nous devons rester dans la question déjà trop vaste qui nous occupe.

Nous avons prouvé que le boisement était déjà un des moyens de venir au secours de l'agriculture, en maintenant l'état climatérique de la France, en protégeant les sources, en empêchant les inondations et en modérant les ravages des torrents, de la foudre, de la grêle, des vents ; en mettant le bois de feu et le bois d'œuvre, le fer et la fonte au niveau des besoins et à des prix modérés ; en fournissant des litières, des glandées et autres produits de bois nécessaires à l'agriculture. . . . . . .

D'autres raisons aussi concluantes, mais plus impérieuses, viennent confirmer nos conclusions.

Ce qui manque, en France, à l'agriculture, c'est-à-dire à la production nationale, ce sont les bras d'abord, comme nous avons commencé à le prouver, et, ce qui est tout aussi important, ce sont les engrais ensuite.

C'est cette disette de ces deux moteurs indispensables qui crée l'obstacle au développement de la production nationale et qui fournit un argument irrésistible contre les défrichements. C'est à cette pénurie de bras et d'engrais qu'il faudrait, avant tout, obvier.

Parlons d'abord des bras :

Personne ne nous contredira lorsque nous dirons que, généralement, ce ne sont pas les terres qui manquent en France, que c'est la main-d'œuvre qui fait défaut.

Nous avons dit *généralement* avec intention, parce qu'il existe, dans certains coins privilégiés de notre pays, des terres tellement fertiles ou fertilisées par le travail, surchargées d'une population tellement intense, que là c'est la terre qui manque au travail et non le travail qui manque à la terre ; ce n'est plus de la culture proprement dite, c'est du jardinage, quelque chose enfin qui se rapproche des récits qu'on nous fait de l'agriculture chinoise, où l'engrais humain remplace le fumier des bestiaux. Mais ce sont là de rares et faibles exceptions, faisant encore mieux ressortir la généralité, à peu près absolue, des contrées où la main-d'œuvre fait défaut.

Nous négligeons donc ces imperceptibles exceptions et nous affirmons que, presque partout, en France, la terre manque de travailleurs ; que pour cette cause il y a des étendues considérables laissées incultes et sans produits ; que cela existe même dans les pays où l'ardeur du défrichement a poussé à détruire d'importantes surfaces boisées, ce qui était un déplorable non-sens, puisque, en laissant en bois ces surfaces productives alors, on avait ces produits spontanés en pur bénéfice et on pouvait obtenir, des terres abandonnées, pour cultiver les défrichés nouveaux, un produit que le travail et l'engrais eussent pu rendre fructueux. Ainsi le fait important que je signale, que personne ne pourra nier et qui s'applique particulièrement à la question, c'est que généralement, toujours à part les pays d'exceptions, un défrichement de forêts n'augmente pas la culture, ne fait que la déplacer et amène à peu près partout l'abandon forcé d'une quantité correspondante de terres précédemment cultivées.

Si, par exception, cela n'a pas lieu par manque de bras, et dès les deux ou trois premières années, alors que l'on épuise cette force séculaire de production entassée sur la propriété par les détritus des bois, cela a lieu au bout de trois ou quatre ans, alors que le défriché réclame lui-même sa part d'engrais et oblige d'en priver une portion correspondante de terre ; à moins cependant, ce qui est aussi déplorable, qu'on n'en prive l'ensemble des cultures et qu'on obtienne sur cette surface augmentée quelque chose de semblable à l'ancien produit obtenu sur une surface moindre.

La main-d'œuvre, les bras manquent si bien en France à l'agriculture, aux terres cultivées, que nous pouvons citer d'excellents sols, dans le midi de la France, qu'on livre à la paresse et à la routine des métayers, et dont on ne tire presque rien.

Petit à petit, on abandonne une partie des terres, et les plantes de landes s'en emparent.

La population manque dans plus des 12/20es de la France; elle est en équilibre avec les besoins du sol dans 6/20es; elle surabonde dans 2/20es au plus.

Ceci nous amène, après avoir signalé l'insuffisance des bras, à démontrer de même l'insuffisance des fumiers.

La semence produit l'herbe, l'engrais seul produit la récolte.

La terre sans détritus, sans engrais anciens ou nouveaux, ne pourrait produire que de l'herbe destinée à périr dès la première période de sa vie et ne devant pas arriver à fructification.

C'est là un fait incontestable. C'est ce qui fait que dans beaucoup de pays où les engrais sont insuffisants, où les terres sont pauvres, nous sommes déjà obligés à faire des jachères, c'est-à-dire à donner un an de repos, soit parce que les bras manquent au travail, soit surtout parce que l'engrais manque à la terre et qu'une année de jachère équivaut à un cinquième ou à un sixième de fumier. Ces deux nécessités, dont une seule suffit pour commander la jachère, sont souvent réunies. Cette obligation des jachères est en même temps la plaie et la honte de notre agriculture; c'est une perte énorme d'abord, et une démonstration frappante de notre insuffisance.

C'est, avec l'existence des terres incultes, un argument décisif contre le défrichement; car, si aux 8 ou 9 millions d'hectares absolument improductifs, il faut ajouter encore 6,767,000 hectares de jachères, il devient par trop évident qu'on ne peut plus penser à livrer des terres nouvelles, nos meilleurs bois surtout à l'agriculture qui, en ayant presque deux fois plus qu'elle n'en peut travailler et mettre en produit, est déjà obligée d'en abandonner une partie et de donner à l'autre un repos d'un an.

Il est de principe en agriculture que, sous l'influence d'une culture énergique et d'un fumier abondant, une mauvaise terre devient médiocre, une terre médiocre devient bonne, une bonne terre double ses produits.

Il est aussi de principe que la même somme de travail qui obtient une unité de produit dans une mauvaise terre en obtient deux et trois dans une bonne.

Avec la même quantité de terres, une culture meilleure, des engrais plus abondants doivent donc doubler la production de la France.

Des bras, des engrais, voilà les deux moyens qui peuvent assurer la solution de ce grand problème.

Les bras viendront tout seuls, puisque la population française s'accroît chaque année de 140,000 âmes.

Les engrais viendront aussi, quand on aura assuré à l'élève du bétail une rémunération suffisante.

Mais des terres, vous le voyez bien, nous en avons assez, nous en avons même trop.

Lors donc que le meilleur conseil à donner à nos agriculteurs est de réduire leurs cultures au nombre juste de terres qu'ils peuvent fumer complétement et travailler convenablement, ce serait un non-sens, en présence de plus de 15 millions d'hectares annuellement incultes, de venir ajouter à ce nombre par des défrichements!

Ces deux démonstrations, tirées de l'abandon des terres pour insuffisance de bras et par pénurie des engrais, nous semblent péremptoires.

La liberté! dira-t-on encore. La liberté de faire mal est une mauvaise liberté.

Le gouvernement est un tuteur éclairé, qui a le droit de la refuser, et qui doit le faire.

On n'a déjà que trop laissé faire, et la faute est assez coûteuse pour qu'on cherche à l'arrêter.

Résumons-nous.

Pour que la liberté de défrichement fût chose utile, il faudrait ou que nous n'eussions pas assez de terres, ou que nous eussions trop de bois.

Or, c'est précisément le contraire qui est la vérité.

Nous avons plus de terres que nous n'en pouvons cultiver et fumer, surtout avec nos ressources actuelles.

Car nous pouvons accuser malheureusement un chiffre de 8 à 9 millions d'hectares de landes et terres incultes, et, en outre, nous laissons chaque année en jachère, c'est-à-dire sans culture, plus de 6 millions et demi de terres déjà préparées et qui ne demandent, pour produire beaucoup, que quelques travaux et un peu d'engrais.

Nous manquons de bois.

Car toutes nos ressources forestières consistent en un million et demi de bois résineux et en quatre millions et demi de bois feuillus (c'est-à-dire de bois vraiment bois, car les bois résineux, ne se reproduisant pas d'eux-mêmes, sont défrichés par le fait même qu'ils sont coupés, et échappent ainsi à l'action des lois sur le défrichement).

Je consens à admettre, ce qui est cependant douteux, que les houilles françaises et les houilles importées pourront alimenter pendant longtemps encore nos usines, nos chemins de fer, nos industries de toute nature, et je mets en présence nos seuls besoins de chauffage avec nos ressources forestières. Eh bien! ces besoins, à 1 stère 1/2 par tête (chiffre faible, pour nos habitants des campagnes surtout), se traduisent par un total de plus de 50 millions de stères.

Or, les ressources qui nous sont offertes par nos 4 millions 1/2 de bois feuillus sont à peine de 22 millions de stères, et par notre million 1/2 de bois résineux de moins de 8 millions de stères.

Soit en tout moins de 30 millions de stères de production.

En face de plus de 50 millions de stères de consommation !

En admettant que la tourbe vienne en aide à plusieurs départements, vous ne pouvez échapper à un déficit considérable.

Nos besoins de bois d'œuvre, de charpente, de traverses, de bois de marine, ne sont pas mieux sauvegardés. Chaque année nos importations vont en croissant, et l'Etat lui-même est obligé de donner l'exemple pour la marine impériale.

Sous quelque face donc que nous envisagions la question générale de liberté de défrichement, nous y trouvons de capitales, disons-mieux, d'insurmontables objections.

Ce n'est que par des arguments de surface, des raisons sans bases sérieuses, disons-mieux, des armes d'opposition et de destruction contre le gouvernement, qu'on est parvenu à faire du défrichement ce qu'on appelle une grosse question ; car, vue sérieusement et de face, ce n'est plus une question, c'est une erreur ou un brulôt.

VII. RAISONS SUPPLÉMENTAIRES ET DE DÉTAIL.

Maintenant que nous avons discuté à grands traits les points culminants de la question, que nous l'avons résolue par les grandes raisons qui la dominent, il convient d'entrer dans ses ramifications accessoires et de prouver dix fois de plus, par des motifs de détail, que les raisons accessoires amènent la même solution et que tout concourt à conseiller le parti que nous avons indiqué.

Nous terminerons par l'indication de ces raisons et motifs de détail, présentés sommairement et par ordre.

§ 1. — Si le prix des bois s'élève malgré les énormes extractions de charbon de terre, malgré son rapide et peu coûteux transport par la mer, les canaux, les chemins de fer, c'est qu'il y a disette réelle et sérieuse. Si la disette existe, le bois en fera les frais et la houille en recueillera le profit, puisque ce serait sur elle que se porterait la consommation, et le danger que prévoyait Colbert ira en grandissant, car on délaissera le bois, dont le prix retombera au-dessous d'un produit raisonnable ; la rage des défrichements reprendra, et nous verrons le gaspillage et l'épuisement rapide des houilles, en même temps que la destruction et le défrichement des forêts.

Le réveil sera bien triste, car, les houillères épuisées, on ne trouvera plus de bois, et tout manquera au même moment !

Et ces prévisions sont déjà à cette heure des faits acquis : le tableau ci-dessous ne laissera aucun doute :

Consommation de Paris en combustible :

	Droits sur le bois.	Stères de bois.	Droits sur la houille.	Hectol. de houille.
1820..	1 fr. par stère.	1,400,000	0,55 c. par hect.	513,000 hect.
1852..	2 98 c. par st.	485,000	0,33 c. par hect.	3,625,000 hect.

§ 2. — On devrait accorder au bois la même protection qu'aux autres productions du sol français, en mesurant le droit protecteur à l'importance et à l'utilité du produit, comme on fait pour les laines dont le droit est de 22 pour 100, pour le blé dont les droits sont mobiles et s'élèvent souvent fort haut.

Et cependant le droit protecteur du bois est, on peut le dire, insignifiant, et les octrois tendent à l'écraser en même temps qu'à encourager la consommation de la houille ; nos lois de douanes, si légères pour les bois étrangers qui encombrent nos marchés (10 cent. par mètre cube de bois de marine) sont très-lourdes (25, 35 et 40 fr. par mètre cube) pour les bois français lorsqu'ils veulent sortir de France, échapper à la dure condition qui leur est faite, et, à défaut du marché français, s'adresser au marché étranger.

C'est là une injustice à rayer de nos lois.

§ 3. — « La France reçoit aujourd'hui de l'étranger pour plus de 54 millions de bois », c'est-à-dire pour une somme qui dépasse de beaucoup annuellement le produit des forêts de l'Etat.

Elle tire ces bois de la Russie, de la Suède, de la Norwège, de la Prusse, des Etats allemands, de l'Autriche, etc.... Elle prend donc partout, même en Angleterre.

Dans la voie où nous sommes on arrive à tout détruire. Les bois de marine manquent déjà, et si on ne vient relever la production du bois indigène, si on s'accoutume, comme on le fait, à acheter le bois de marine, de sciage, de feu, etc., à l'étranger, il faut se résigner à voir la France en produire de moins en moins. Car il y a déjà plus d'avantage à produire du taillis que de la futaie, et bientôt ou trouvera plus de revenu dans la culture des céréales que dans celle des taillis.

On arrivera donc ainsi à réduire la production du bois, et à se mettre en tout à la discrétion de l'étranger, à la merci de nos ennemis naturels, de nos voisins ;

Enfin à diminuer et même à supprimer en France une production de première nécessité, venant sur un sol improductif pour toute autre culture, dès lors une production commandée par la nature même du terrain, une production providentielle.

§ 4. — Le tarif du dernier chemin de fer concédé, le Grand-Central et sa continuation jusqu'à la frontière suisse, porte, en première classe (18 cent. par tonne et par kilomètre), les bois de menuiserie.

En deuxième classe (16 cent.), les bois à brûler, de charpente, de sciage, chevrons, perches, charbons de bois.

La troisième classe est de 14 cent., mais il n'y a pas de bois dans cette classe; seulement encore on y a fait une exception pour y placer la houille, au prix réduit de 10 cent.!

Ce tarif est lui-même basé sur l'échelle du tarif des canaux. L'injustice est-elle assez grande?...

§ 5. — La tendance au défrichement est provoquée par l'injustice qui frappe les bois, comme s'ils étaient un produit de luxe, et par la faveur qui protége les autres cultures.

Qu'on ne s'étonne plus que le propriétaire cherche à changer de place en changeant le classement de sa propriété; c'est un moyen pour lui de remplacer l'injustice, non pas seulement par la justice, mais par la faveur.

Le gouvernement impérial avait voulu que les futaies fussent classées, comme les taillis, d'après la valeur de leur sol; depuis lors on a fait le contraire, ce qui est injuste, et on a décidé que les futaies seraient invariablement portées en première classe des bois; c'était provoquer la destruction de ces futaies, c'était détruire la culture qu'on avait le désir d'encourager.

Comme il y a perte énorme pour le propriétaire, puisque le produit en taillis, intérêts accumulés et composés compris, est de 4 à 6 fois supérieur au produit en futaies, la futaie devrait être dégrevée, non surchargée, car les sols propres aux futaies sont en général d'excellents sols, où le taillis serait bon à couper au bout de 12 ou 15 ans, et on aurait alors 10 à 12 coupes de taillis au lieu d'une coupe de futaie.

§ 6.—Enfin, toute protection, tout encouragement sont refusés au bois. Les houilles françaises, les houilles étrangères, avec un droit insignifiant, viennent lui faire concurrence; les bois étrangers eux-mêmes entrent presque en franchise, et tout semble se combiner pour avilir en France le prix des bois français, pour ruiner dès lors et détruire nos cultures forestières.

Plus que cela encore : la loi, justement sévère contre les dommages, le maraudage et le vol, a fait une exception au préjudice de la propriété forestière, et l'a livrée en quelque sorte aux maraudeurs, aux délinquants et aux voleurs, en amnistiant les délits, par cela seul qu'ils s'attaquaient à la propriété boisée. Le vol d'un même arbre est puni 10 fois plus sévèrement lorsqu'il est fait dans un champ ou une bordure de champ que lorsqu'il est fait en forêt!

Devant de pareils faits, devant des injustices et des contradictions aussi flagrantes, qu'on s'étonne de la destruction de la propriété boisée!

§ 7. — C'est dans les années où la baisse des bois est la plus considérable, que les demandes en défrichement apparaissent.

Par la même raison, c'est lorsque certains départements importent le plus de combustibles étrangers que les demandes en défrichement abondent dans ces départements.

Toujours la diminution des produits des bois amène l'intérêt et la pensée de défricher.

Lorsque la hausse des bois ne correspond pas à la hausse des autres produits, les demandes en défrichement augmentent encore davantage.

Tous ces faits sont logiques, et se déduisent naturellement des mêmes causes.

Et cependant les demandes de défrichement sont souvent fort légèrement formées ; on se laisse tenter par des espérances chimériques, et la raison a parfois le temps de se faire entendre.

L'Etat avait vendu, en 1831, 63,323 hectares de bois, dont 21,729 avec permission de défricher. Cette faculté avait amené un excédant de prix de 208 fr., en moyenne, par hectare ; on payait ainsi 208 fr. la liberté de défricher, et pourtant on n'en avait défriché que 6,000 hectares en 1836.

Ceci nous amène à désirer que la loi décide que le défrichement autorisé devra, sous peine de déchéance du droit, être effectué dans un délai de 2, 3 ou 4 années, selon son importance.

Car toutes ces permissions de défrichement pourraient s'accumuler sans qu'on s'aperçût de leur danger, qui ne se révélerait que tout d'un coup, dans un moment de crise, et sous une fièvre de spéculation et d'entraînement.

§ 8. — En Autriche, malgré la puissance quasi-féodale des grands propriétaires de forêts, le gouvernement règle le mode d'exploitation des forêts de pins, soit pour modérer le gemmage (extraction de la résine de l'arbre végétant), soit pour l'abattage et le remplacement.

Ce qu'on peut en Autriche, où la féodalité ancienne reste toute-puissante, on le peut bien sûrement en France, où elle a disparu complétement, et où les lois nouvelles contre le défrichement ne seraient que des reproductions des lois anciennes et la continuation allégée des lois existantes, mais arrivant à leur terme.

§ 9. — On parle de plaines où le défrichement serait permis, de montagnes où il serait défendu ; mais comment fixer une limite précise, raisonnable et raisonnée ?

Ce qui est plaine dans les Pyrénées, les Alpes, le Jura, l'Auvergne, etc., sera montagne ailleurs.

La raison de défendre le défrichement dans les collines ou les pentes inférieures des montagnes, est la même que celle qui commande la défense dans ces montagnes.

Où s'arrêtera-t-on ?...

A la raison qu'on donne pour permettre le défrichement dans les plaines tout en le défendant absolument dans les montagnes, le Conseil général d'Indre-et-Loire répond avec un grand sens : « Que c'est surtout dans les plaines que le bois tend à devenir plus rare, plus cher, et bientôt insuffisant pour les besoins de la population ; il ajoute que c'est dans la plaine que l'étendue des bois n'augmentera jamais, et qu'au contraire c'est là qu'augmente la population, ce qui ajoute annuellement au déficit. »

§ 10. — Le pacage, nous l'avons déjà dit, est plus dangereux, et cent fois plus ruineux que le défrichement ; c'est contre les habitudes de pacage que le reboisement des montagnes, par semis ou plantations, aura le plus à lutter ; c'est contre le pacage que la loi doit veiller et sévir, si on veut défendre et conserver les bois existants.

Tous les bois, sans exceptions, tout le sol forestier français enfin, doit être soumis à une règle commune de défensabilité.

Ce sera la disposition la plus importante, et sans contredit la plus utile de la loi que nous étudions.

La défensabilité pourrait se mesurer à la classe des bois : ainsi, 5 à 6 ans, en première classe ; 7 à 8 ans en seconde ; 9 à 10 en troisième.

Le mieux serait une défensabilité générale et continue contre le pacage seulement ; cette mesure assurerait le succès des pousses, des semis et des drageons, et le repeuplement naturel, spontané et sans frais de notre sol forestier ; la coupe des herbes et le panage (pacage des porcs), pourraient être permis après 4, 6 et 8 ans, suivant les classes, car alors, sans nuire en général aux pousses sorties de terre, elle aiderait à la réussite des pousses et des semis nouveaux.

§ 11. — Le pacage des landes est une déception quant aux produits ; le bétail s'y promène, n'y vit pas, et y dépérit. Le plus léger produit en bois, produit spontané et sans frais, vaudrait donc mieux 10 fois que le pacage.

Devant une vérité si incontestable, le gouvernement aurait le droit de commander ce qui est utile, de violenter et réprimer l'erreur, et, dans l'intérêt même des violentés, de les placer dans une meilleure voie.

Pourquoi l'erreur d'un homme ne serait-elle pas rectifiée par la loi ?... La loi sur l'interdiction n'est pas autre chose : l'obligation de faire, comme d'écheniller, de ramoner, etc..., est bien plus lourde que celle de ne pas faire, comme celle de ne pas faire pacager. La loi qui peut commander une chose peut en défendre une autre lorsque l'intérêt public y est intéressé.

§ 12. — C'est dans les biens communaux qu'il existe le plus grand nombre de bois détruits par le pacage, de pâtis arides, autrefois formant d'assez belles prairies, enfin de terres absolument improductives, précisément parce que chacun détruit à l'avance, et même avant qu'elles n'existent en herbe, les misérables productions de cette espèce de propriété.

Comme la loi a mis les communes sous la tutelle de l'administration, ne serait-il pas opportun de conseiller à celle-ci d'user de son droit, et de commander la mise en valeur de ces biens, d'obliger à boiser les terres communales en collines ou en montagnes, sinon à les vendre avec la condition de boisement, et, au besoin, de les porter à leur valeur par une enchère de l'Etat.

L'Etat ferait, comme en Prusse, reboiser par ses agents, et revendrait ensuite, avec servitude de maintenir en bois les parcelles autres que celles attenant à ses forêts.

Un fonds spécial serait mis à la disposition de l'administration forestière, pour aider aux opérations d'acquisition de reboisement et de revente.

§ 13.—Dans certains pays plus éclairés, plus laborieux, plus économes, dont quelques-uns sont précisément les plus boisés, on remarque une tendance au reboisement : dans l'ancienne Lorraine, la Meuse, la Meurthe, la Moselle, les Vosges, et dans certains départements voisins, la Haute-Marne, etc...., on reboise lentement, mais on reboise le sommet et souvent les pentes des coteaux.

Ailleurs on cite certains propriétaires qui ont opéré d'immenses plantations : ainsi, M. Jaubert de Passa, dans les Pyrénées-Orientales, sur les montagnes du Finestret; M. Brochier, dans les Hautes-Alpes.

Des encouragements bien entendus et bien appliqués activeraient ce mouvement vers des idées utiles. La loi doit les accorder sans hésitation.

§ 14.—Citons un exemple de la pénurie des bois (nous avons déjà cité les Basses-Alpes, où on fait usage de fiente de vache séchée et où on cuit du pain pour une année entière, d'un seul coup, pour économiser ce combustible) : dans les cinq départements de l'ancienne Bretagne, Côtes-du-Nord, Morbihan, Finistère, Loire-Inférieure, Ille-et-Vilaine, ayant ensemble 3 millions 400 mille hectares de superficie, on ne compte que 182 mille hectares de superficie. Ce n'est presque qu'un vingtième.

Les bois devraient, en France, occuper le quart du sol productif ; car on ne leur abandonne guère que les sols les plus pauvres, et leur production est ainsi réduite, mesurée qu'elle est à l'infertilité du sol.

§ 15. — Les partisans de la défense du défrichement, en même temps que de la nécessité de reboisement, sont, en France : Louis XIV, Colbert, de Lamoignon, de Buffon, Réaumur, de Prony, Napoléon ; à l'étranger : Franklin, de Humboldt, de Saussure, Hartig, grand maître des forêts du royaume de Prusse, où les forêts ont plus d'étendue relative qu'en France.

La Convention nationale reconnut elle-même (en 1793) qu'en France le produit des bois était inférieur aux besoins.

Une grande partie des Conseils généraux réclame des mesures énergiques contre la destruction des bois anciens, en même temps que pour la plantation en bois de nos terres incultes. Une grande majorité de ces Conseils s'est prononcée pour le maintien de la prohibition du défrichement.

« Abattre les arbres qui couvrent la cime et le flanc des montagnes, c'est préparer aux générations futures deux calamités à la fois, un manque de combustible et une disette d'eau » (De Humboldt, vol. V, p. 173).

Il eût fallu dire trois calamités à la fois : une pénurie de combustible, et de bois d'œuvre, une disette d'eau dans les pays chauds, et le désastre d'inondations terribles dans les vallées et les plaines les plus fertiles et les plus riches.

La Société d'encouragement, « reconnaissant que le déboisement progressif des montagnes, par ses influences générales aussi bien que par ses effets locaux, amenait un des maux les plus funestes à l'agriculture », offre depuis longtemps et tous les trois ans plusieurs prix de 500, de 1,000 et de 2,000 fr. à celui qui justifierait d'un reboisement important en montagne.

§ 16. — La liberté de défricher, sous certaines conditions, a acquis beaucoup de partisans dans ces dernières années.

Si ce n'est pas une tradition de 1848, c'est au moins un entraînement aussi dangereux qu'il nous paraît irréfléchi.

Est-ce une pensée populaire ?... Non, sans nul doute ; car les grandes forêts, les forêts défrichables, sont aux mains des grands propriétaires.

Car le peuple a un intérêt contraire au défrichement :

1° Pour avoir le bois (objet de première nécessité comme le pain) à bon marché ;

2° Pour ne pas être toujours ballotté entre des prix extrêmes et se maintenir, au contraire, dans des prix raisonnables et moyens ; car le peuple industriel vit, en général, au jour le jour, dépensant ce qu'il gagne, et se trouve sans épargnes devant les mauvaises années.

3° Pour ne pas laisser trop avilir le prix des denrées alimentaires, produit qui est aux mains du peuple des campagnes, du véritable peuple, puisqu'il forme les deux tiers, presque les trois quarts de la nation. (Le blé toujours à 18 fr. serait le terme le plus heureux de transaction entre les campagnes et les villes.)

4° Pour éviter les disettes, car une baisse exagérée, comme l'expérience nous l'a appris, en dégoûtant des cultures non payées par la récolte, prépare infailliblement les années de pénurie et de famine.

C'est au gouvernement à tendre toujours vers l'équilibre naturel de la production et de la consommation. Et, dans ce moment, nous le répétons, le danger nous paraît du côté de l'excès de production : prouvons-le en quelques mots.

L'agriculture française, si longtemps passivement routinière, commence à comprendre le progrès ; quelques contrées sont même en pleine marche, mais c'est là une faible minorité.

Le progrès a bien des formules ; citons-les dans leur ordre d'importance :

Les prairies artificielles seront l'utilisation et la fertilisation des mauvaises terres, l'augmentation du bétail, dès lors du fumier et des instruments de travail, dès lors surtout des récoltes.

Les engrais commerciaux commencent aussi à être employés ; lorsqu'ils sont mis en supplément des fumiers ordinaires et qu'ils valent ce qu'on les achète, ils payent, dans la première récolte, deux à trois fois leur prix d'achat, et laissent dans le sol un cinquième à un sixième de leur force (nous parlons des poudrettes et guanos).

Le perfectionnement des instruments aratoires procure déjà de grands bénéfices de main-d'œuvre et même de récoltes ; mais, pour ne parler que d'un seul, un bon semoir à bas prix économiserait au moins deux à trois millions d'hectolitres de semence par année, diminuerait la main-d'œuvre des sarclages et augmenterait aussi la récolte.

Je ne parle ni de chaulages et marnages, ni des irrigations, etc. J'arrive de suite au fait capital, au drainage, qui peut transformer la production de la France. Il est aujourd'hui pratiquement prouvé, en effet, par d'immenses travaux de drainage opérés en Angleterre, que certaines terres ont doublé de produit, à la suite de cette opération.

Si la France imitait l'Angleterre (et elle l'imitera, quoique lentement, car elle manque de capitaux), sa production en céréales pourrait augmentent énormément chaque année sous l'influence des prairies artificielles, des machines, des engrais, etc., et de l'assainissement des terres surtout. Voilà ce qu'il faut prévoir et attendre. Or, si, parallèlement à ces causes certaines d'augmentation dans la production des céréales, on venait y ajouter les défrichements, on ruinerait tout d'abord l'agriculture et avec elle toutes les espérances d'améliorations agricoles, et on atteindrait le but contraire à celui qu'on se propose. Cette observation, aussi bien que celle basée sur l'insuffisance de la main-d'œuvre et la pénurie des fumiers, nous paraît concluante et décisive. Nous la recommandons à l'attention de nos lecteurs.

§ 17.—L'agriculture, en France, est, en général, aux mains de cultivateurs laborieux, économes, mais souvent routiniers ; c'est la direction qui leur manque. Vend-on des terres, ils les achètent à des prix extravagants, et se ruinent s'ils n'achètent pas avec les moyens de payer comptant. Acheter de la terre est la seule chose qui les étourdisse et les entraîne. Ont-ils une mauvaise terre en bois, ils la défrichent ; s'ils ne la défrichent pas par la charrue, ils la ruinent par la dent du bétail, et lorsque le produit en bois a disparu sous le pacage, ils sont, dans leurs idées, forcément amenés à la labourer. Le cultivateur tend donc toujours et toujours à augmenter ses cultures, sans calculer la quantité de ses fumiers et la puissance de sa main-d'œuvre.

C'est là la faute la plus lourde qui se puisse commettre ; car, s'il est une vérité incontestable en agriculture, c'est qu'on récoltera autant sur 10 hectares bien fumés et bien travaillés que sur 20 à demi fumés, quoique assez bien préparés.

Les 10 hectares cultivés en trop ne produisent donc *rien ;* au contraire, toute la main-d'œuvre dépensée sur ces 10 hectares est en pure perte, et cette perte est énorme. Enorme encore plus en général qu'en particulier, car c'est la faute que TOUS commettent, c'est l'écueil contre lequel toute notre agriculture vient s'épuiser et se ruiner ; cette malheureuse routine, fruit d'une désastreuse avidité et d'impérieuses misères, fait tous les ans perdre des millions à l'agriculture française.

Permettre le défrichement, c'est pousser de plus en plus dans cette voie de désastres; c'est, en outre, aider à tendre à tous ces petits cultivateurs le piége où ils tomberont tous.

Le spéculateur offrira au grand propriétaire un haut prix d'un bois à défricher, pour le revendre en détail, aussitôt sa dénudation, d'un seul coup s'il y a de l'entraînement, sinon en plusieurs fois et par parcelles, alléchant l'acquéreur par de longs termes de payement, mais avec intérêt légal supérieur au revenu de la terre. La spéculation tirera de là un gros bénéfice, en laissant tous les risques à la charge de ceux qui n'en peuvent supporter aucun.

Voilà deux fortunes augmentées, au préjudice de cent petites fortunes compromises.

Partout on trouve des exemples de ces cruelles déceptions.

§ 18. — Une autre formule d'erreur et de ruine n'a été que trop fréquente :

Le sol d'un bois défriché paraît profond et fertile ; la terre est fraîche, ce qui tente encore plus et fait projeter l'établissement de prairies naturelles, propriétés plus recherchées que les terres, précisément parce qu'elles donneront un produit spontané et sans culture ; les apparences sont attrayantes, on achète à crédit, à longs termes, avec intérêts à 5 pour 100, ce qui est exorbitant, puisque la terre ne donne pas ce revenu. On paye fort cher, on ensemence; mais au printemps les blés jaunissent, s'éclaircissent et ne produisent qu'une très-faible récolte.

On ne se tient pas pour battu, car ce peut être un accident ; on cultive de nouveau, la seconde année amène un résultat peu dissemblable. Il faut bien expliquer ces mécomptes, et on découvre alors que des eaux souterraines noient et tuent la plante ; on croit trouver un remède dans la culture en prairies, mais, dès la seconde année, la prairie se transforme ; les bonnes herbes semées disparaissent et font place aux mauvaises, plus tard aux joncs, et on reconnaît trop tard qu'un sol qui nourrissait de très-beaux bois peut être impropre à toute autre production ; reboiser coûterait trop, on laisse la terre en pacage ou en landes, suivant ses tendances naturelles, et la ruine du pauvre paysan est complète.

C'est ainsi qu'on a vu des bois de première classe tomber, après quelques années de défrichements et de culture, dans la deuxième, la troisième ou la quatrième classe des terres cultivées; ce qui s'explique par ce fait d'abord, que les bois s'accommodent d'une fraîcheur qui ne conviendrait pas à la terre cultivée, puisque, leurs racines formant dans le sol une espèce de drainage, ils se débarrassent ainsi de tout excès d'humidité ; mais que, le bois une fois arraché, le drainage naturel est détruit, le sol se referme, retient ses eaux et ruine la culture nouvelle qui ne peut l'assainir.

§ 19. —Pour occuper moins de bras que la propriété purement agricole, la propriété boisée est la base d'une foule d'industries ayant acquis, dans certaines contrées, de très-grands développements.

Ainsi les usines à fer, travaillant au charbon de bois, occupent, dans certains pays, des masses d'ouvriers, les bûcherons, les charbonniers, les charroyeurs de charbon, etc.

Ailleurs, ce sont les scieurs de long, les équarrisseurs de bois de marine et de charpente, les merrandiers, les sabotiers, les ouvriers préparant le bois de charronnage, les échalas, les feuillards ou bois de cercles, les fabricants de boissellerie, etc.

Tous ces travailleurs, inconnus seulement sur la place publique où se préparent les émeutes, se recommandent à la bienveillance du gouvernement par leur esprit d'ordre et d'économie, leur amour du travail, leur vie paisible et en famille.

§ 20. — On a, dit-on, consulté les savants, MM. Gay-Lussac, Arago et autres, pour savoir si la destruction des forêts pouvait altérer la salubrité de l'air; et, de ce qu'ils ont dit en douter, on s'est cru autorisé à affirmer, d'après eux, que la salubrité du pays n'en souffrait pas.

J'aurais eu plus de confiance dans l'opinion des médecins de certaines contrées, où de grands défrichements auraient été opérés; on eût pu constater un fait, le plus ou moins de mortalité avant et après le défrichement; et, en posant la question dans plusieurs localités placées dans la même condition, on fût arrivé à un résultat plus certain que l'appréciation d'un savant.

La Brenne et la Dombe étaient autrefois très-boisées et fort saines : le défrichement des bois les a transformées en pays à fièvres endémiques très-dangereuses.

J'ai entendu souvent affirmer, par des hommes sérieux, qu'en Allemagne et même en Alsace, les maladies, les fièvres surtout, dès lors les décès, avaient augmenté à la suite de grands défrichements.

D'un autre côté, il est constant que l'administration française a constaté le même fait en Algérie.

Enfin, c'est une croyance générale, et nous la partageons, que les grands végétaux assainissent l'air, soit parce qu'ils lui prennent l'humidité qu'il contient en excès, soit parce qu'ils lui rendent celle qui lui manque et effacent ainsi les extrêmes, en tendant à équilibrer sa composition et sa température.

§ 21.—Dans les douze années de liberté illimitée de défrichement (1791 à 1803), on a saccagé plutôt que défriché les plus beaux bois de France, un million cinq cent mille hectares, d'après M. Raoul-Duval, un de nos silviculteurs les plus éclairés.

L'administration forestière pourrait citer, soit dans cette période de liberté absolue, soit, ce qui doit plus étonner, dans la période de prohibition de 1803 jusqu'à ce jour (1854), des exemples de défrichements désastreux et qui ont laissé sans produit des sols donnant autrefois les plus riches productions en bois.

§ 22. — Il est incontestable que la destruction des forêts marche à pas de géant.

Nous avons déjà cité les Pyrénées qui, en moins de deux cents ans (de 1600 à 1795), ont vu tomber le chiffre de leurs bois de plus des cinq sixièmes, de 250,000 hectares à 40,000.

Nous avons aussi cité les 1,500,000 hectares détruits en onze ans et demi, de 1791 à 1803 (période de liberté).

Voici maintenant quelques données, que nous avons lieu de croire exactes sur les demandes et les autorisations de défrichement.

De 1828 à 1852, période de 25 ans, il a été

demandé	276,448 hect.	— Moyenne par année	—	11,058 hect.
autorisé	198,548	—	—	7,942
refusé	77,900	—	—	3,116

Mais, dans les dernières années, la moyenne des autorisations a beaucoup augmenté, et, par contre, la moyenne des refus a diminué dans une proportion effrayante.

Ainsi,

	Demandes.	Autorisations.	Refus.
En 1847 il y a eu.	17,645	13,870	3,775
1848 —	20,547	16,195	4,352
1849 —	12,723	12,519	204
1850 —	16,297	15,724	573
1851 —	20,108	19,149	958
1852 —	12,913	12,194	719

Voilà le chiffre de la destruction autorisée.

Mais qui nous donnera cet autre chiffre, véritablement incalculable, de la dévastation par la dent des bestiaux ?

Tous les hommes compétents n'hésitent pas à affirmer que ce chiffre est bien autrement considérable que le premier, et que dans le midi et l'ouest de la France la dent du bétail détruit beaucoup plus de bois que la main de l'homme.

C'est, au reste, *partout* un moyen assuré d'obtenir une autorisation difficile et désirée.

Le défrichement a d'abord été refusé parce que l'agent forestier local a déclaré que le bois était de belle venue, etc., etc.

On le soumet pendant quelques années à la pâture des bestiaux.

L'agent forestier peut revenir ensuite ; il trouvera la forêt dévastée, ruinée ; il le dira, et le tour est fait, le défrichement obtenu.

§ 23. — J'ai tenu parole en évitant jusqu'ici le côté politique de la question du défrichement, mais je ne puis terminer sans m'expliquer sommairement sur cet important sujet.

Si la France est admirablement située, pour sa puissance, au centre des nations européennes et entre les deux mers de l'Europe, elle est par cela même immensément exposée, car elle est entourée d'envieux, de rivaux, d'ennemis.

Aussi a-t-elle toujours combattu, et la guerre paraît-elle être une de ses conditions d'existence. Il est donc heureux que la France soit un soldat, comme l'a dit un homme de génie ; tel est, en effet, son caractère national.

Jamais elle n'a eu peut-être une plus longue paix que celle dont elle a joui depuis 1815, et encore dans cette période, dite de paix, compte-t-on au moins 6 expéditions militaires : la Grèce et Navarin, — l'Espagne et Cadix, — la prise d'Alger, — le siége d'Anvers, — la prise d'Ancône, — le siége de Rome, sans parler de l'expédition de la mer Noire et des 23 ans de guerre en Algérie.

Ceci doit porter son enseignement : c'est que la France doit rester armée, et que si la guerre est dans ses instincts, c'est que cet instinct national est une nécessité, car elle est placée comme un coin au milieu de l'Europe qu'elle divise, mais qui l'étreint et la menace.

La guerre est dans nos conditions d'existence, le passé ne le dit que trop.

Alors il faut pouvoir nous suffire à nous-mêmes, alors il ne faut pas défricher.

Puis, en conservant l'Algérie, en la colonisant, en y jetant nos populations et nos richesses, en la proclamant une terre française, nous avons pris l'engagement de devenir puissance maritime de premier ordre, devant faire de la Méditerranée une mer où dominera notre pavillon, et pouvant lutter seule contre la puissance qui affecte l'empire des mers.

Nous avons beaucoup à faire pour arriver là ; il faut surtout augmenter notre marine, et pour cela il ne faut pas défricher.

Je finis en touchant à ce qui tient, à cette heure, tous les yeux fixés vers les Dardanelles et la mer Noire.

Défricher ne serait-ce pas désarmer ?...

VIII. — INDEMNITÉ. — RÉPARATION.

Il serait juste que l'intérêt public payât aux intérêts privés qu'on lui sacrifie l'équitable indemnité due à un préjudice imposé ; ce serait l'application logique du principe écrit dans la loi d'expropriation.

Mais la propriété forestière, en France, est depuis tant d'années grevée de cette servitude, qu'on peut affirmer que les familles aujourd'hui propriétaires de bois ont acquis volontairement et sciemment, par elles ou par leurs auteurs, avec la servitude et dès lors avec avec la dépréciation et la modération de prix que pouvait entraîner la servitude.

Cependant, autant pour écarter cette objection et satisfaire complétement aux principes de justice distributive due, par la généralité des citoyens représentés par l'Etat, à une fraction importante de la nation, que pour répartir plus également l'impôt, aussi bien que la protection des lois civiles, pénales, administratives, douanières, etc..., il convient de dire ce qui doit être fait pour la propriété forestière.

La loi touche à la propriété forestière sur bien des points :

Elle touche à sa constitution même, puisqu'elle la fixe, la modifie pour tenir en équilibre les intérêts privés et les intérêts généraux.

Elle agit sur elle 1° par l'impôt foncier, qui est plus ou moins lourd, et qui l'écrase aujourd'hui par une injuste inégalité;

2° Par la protection de ses produits devenus marchandise ; et cette protection lui manque, car les octrois ajoutent énormément à l'impôt, et le bois, comme objet de première nécessité, devrait en être affranchi, aussi bien que le blé, les pommes de terre, la laine, le chanvre, le lin...

Car les bois d'équarrissage étrangers, n'ayant payé à la France aucun des impôts que les nôtres ont payés, entrent, on peut le dire, en franchise, puisque le droit d'entrée est insignifiant (10 c. par stère), tandis que les bois français doivent payer un droit de sortie de 25, 35 et 40 fr. par stère (loi de 1841).

Car le bois de feu français paye partout : sur les canaux, les chemins de fer, à l'entrée des villes, etc., plus que la houille : ce qui est une criante injustice ;

Car la propriété forestière, au lieu d'être protégée, comme toutes les autres, par la loi pénale, est livrée sans défense au maraudage et au vol.

3° Par les moyens de transport qu'elle lui donne ou lui refuse, condition capitale pour le bois surtout, qui a besoin, plus qu'aucun autre produit, et sous peine de voir sa valeur disparaître en tout ou en partie, de canaux, de rivières navigables ou flottables, de bons chemins, de moyens de transport à bas prix en un mot.

C'est sur tous ces points qu'on doit justice et satisfaction à la propriété forestière. Nous allons donc les reprendre un à un et dire comment cette satisfaction peut être donnée par la loi, comment cette justice trop attendue peut être enfin accordée.

Disons tout d'abord, et avant d'entrer plus avant dans cette question de justice et de protection distributives, que la loi suprême de la conservation des bois en France, c'est d'arriver à leur faire produire au moins autant que les autres terres de même classe, autant que d'autres cultures pouvant avec profit prospérer sur ces terres.

Et cela ne doit pas être difficile, car par lui-même le bois étant une production spontanée, la plus rustique de toutes les productions, résistant le plus aux intempéries et les bravant toutes à peu près, donnant dès lors un produit toujours net, toujours assuré, une récolte pouvant s'avancer, se retarder ou s'attendre presque indéfiniment, sans trop de dommage, pouvant se faire divisément par curages, par ébranchages, par éclaircies, par fractions même, suivant la bonté des fonds et la croissance végétale ; le bois, enfin, ajoutant à la fertilité de la terre au lieu de l'épuiser, augmentant ainsi le capital souvent sans diminuer le revenu, défendant le sol contre l'érosion des eaux et la contrée contre les torrents et les inondations, alimentant les sources et les protégeant, servant d'abri dans les mauvaises saisons à des plaines, à des provinces entières, contre le froid en hiver, contre les vents ardents du sud en été, modérant ainsi en tous temps les températures extrêmes, et assurant par là la salubrité et la santé publiques : on comprend qu'il restera peu de chose à faire au gouvernement, auprès de tous ces avantages réunis, pour obtenir du bois un produit au moins égal en moyenne au produit des cultures céréaliques et même industrielles, comme la betterave, le lin, le colza et autres oléagineuses.

C'est par une justice complétement distributive et égale qu'on détruira cette ardeur fiévreuse vers les défrichements, dont la cause et l'excuse sont dans l'inqualifiable injustice de la loi actuelle ; ce sera un bienfait, sans doute, que de rectifier ces erreurs de la loi, mais ce ne sera, en définitive, qu'une dette payée et qu'un acte d'impartialité et de réparation.

Nous avons dit, en le prouvant, comment les classements cadastraux, faits par une immense majorité de petits propriétaires cultivateurs, avaient surchargé la propriété forestière, possédée en général par les grands propriétaires, au profit et à la décharge de la propriété cultivée, possédée par les petits.

C'est là une première réparation à accorder aux forêts : diminuer l'impôt exagéré qu'on a frappé sur elles, ce sera détruire dans sa source cette première provocation au défrichement, puisque, par le défrichement, on vient se placer dans la classe favorisée, et qu'on peut, après quelques années de cultures épuisantes, provoquer une comparaison avec des cultures voisines, et obtenir ainsi un dégrèvement.

Mais l'impôt a des formes multiples et des ramifications nombreuses : il ne frappe pas pour une seule fois.

On vient de voir qu'il pesait sur la terre cultivée en bois plus lourdement que sur la terre consacrée à des cultures annuelles : comme une injustice ne va jamais seule, elle fut logiquement suivie de beaucoup d'autres.

La terre cultivée fatigue les chemins par des transports continuels de fumiers, d'amendements, de semences et de récoltes ; par le passage incessant des bestiaux allant au travail et au pacage. Ces transports, en somme, sont bien autrement importants que ceux amenés tous les 15 à 20 ans, ou tous les 100 ou 120 ans par l'exploitation d'une forêt, et cependant on traite la forêt comme une usine, non comme une terre productive, et on la grève de cette charge extraordinaire de réparer les chemins qu'elle fatigue, comme si le propriétaire, vivant du produit de ses bois, ne réparait pas ses chemins de sa personne, de celle de ses serviteurs, avec le concours de ses bestiaux.

Comme si les bois, par la nourriture supplémentaire qu'ils fournissent herbes, pacage, feuilles dans certains pays), n'ajoutaient pas au nombre des bestiaux, et ne concouraient pas ainsi à la réparation des chemins par ces bestiaux qu'ils nourrissent, et sur lesquels pèsent les prestations en nature.

Comme si ces transports annuels des forêts, étant un produit pour le pays, ne permettaient pas, ne commandaient pas même d'augmenter le bétail, et avec le bétail les moyens et les ressources pour la réparation des chemins.

La disposition de la loi du 21 mai 1836, art. 14, qui assimile les forêts aux usines, doit donc être rapportée ; c'est une injustice flagrante, une cause incessante de débats irritants.

Un autre impôt atteint directement le bois dans son produit, c'est l'impôt mobile et toujours grandissant de l'octroi, de l'octroi qui laisse passer le pain, souvent les légumes et les fruits, toujours les chanvres, les lins, les laines, les vêtements, et qui frappe si rudement le bois ; comme si le bois n'était pas, aussi bien que le pain, les légumes, etc., un objet de première nécessité ; comme si on pouvait faire du pain sans le bois, se nourrir sans le bois, comme si, en un mot, on pouvait se passer de combustible !

Sur ce point, nous l'avons prouvé, la ville de Paris, point de mire, et exemple de toutes les autres, a triplé, depuis 1816, le droit d'entrée des bois ; et comme si on eût eu plutôt en vue l'amoindrissement du produit des forêts que la perception d'un impôt indispensable au payement des charges de la vie commune, au lieu de grever d'un droit égal toutes les matières combustibles, suivant leur puissance de calorique, on diminuait les droits d'octroi sur la houille, alors qu'on triplait ceux sur le bois, et on encourageait ainsi l'emploi de la houille, qui ne coûte rien à produire, qui ne paye aucun impôt, qui se trouve comme un trésor dans les profondeurs de la terre, alors que l'on combattait, par des droits plus que quadruples, l'emploi du bois, produit d'une terre payant un impôt, grevée de charges culturales, d'entretien et de garde !

Il y a un allégement considérable à accorder aux bois en équilibrant l'octroi sur les deux combustibles, en proportion de leur puissance de calorique ; le gouvernement arrivera par là à une mesure de haute économie politique : il modérera l'emploi de la houille, qui ne se reproduit pas et qui s'épuise ; il encouragera la production des bois français, dès lors leur repeuplement, dès lors encore le boisement de nos montagnes dénudées ; il fera durer la houille assez longtemps pour qu'au jour de l'épuisement des houillères le boisement de nos terres incultes vaines et vagues, soit assez considérable pour aider nos forêts à remplir le vide immense que la disparition de la houille ne manquera pas de causer. Ce sera, par une série de dispositions semblables, les unes sur l'allégement de l'impôt des forêts, les autres sur celui des octrois, sur les encouragements au boisement, au repeuplement, sur la défensabilité des bois et le pacage, sur la prohibition de certains défrichements, etc..., qu'on préviendra une crise que la sagesse de Colbert a prédite, et que l'inconséquence de certaines dispositions légales menace de précipiter et d'augmenter.

Ce n'était pas assez de faire à la houille des faveurs multiples, exorbitantes pour élever le chiffre de sa consommation et diminuer d'autant la consommation du bois et son prix de vente, c'est-à-dire le produit de la terre cultivée en bois, il fallait encore doter les bassins houillers agglomérés sur deux points uniques de la France, les départements du nord et ceux du centre, de canaux, de voies navigables, de chemins de fer, de grandes routes venant prendre la houille sur ses gisements mêmes, et la transportant partout où elle pouvait trouver un emploi;

Tandis que nos pays de forêts sont délaissés par les routes, et ne sont traversés par les canaux et les chemins de fer qu'accidentellement, d'après les besoins des transports houillers.

Ce n'était pas assez encore : il fallait, après avoir mis toutes nos routes, tous nos canaux et chemins de fer au service et à proximité des bassins houillers, faire au charbon de terre, sur les prix de transport aussi bien que sur les prix d'octroi, une faveur refusée aux bois et aux charbons de bois, et accorder sur ces transports, à la houille, un prix inférieur de moitié du prix exigé de nos produits forestiers.

On fit plus : on fit entrer les houilles étrangères dans une partie des faveurs accordées aux houilles françaises; on fit, en outre, entrer en France les bois étrangers à peu près en franchise, en refusant aux bois français, par un droit proportionnellement énorme, la faculté d'aller chercher à l'étranger un placement qu'ils ne trouvaient pas en France.

On ne s'arrêta pas dans cette voie désastreuse. Après avoir consacré, en fait, l'inégalité devant l'impôt, l'infériorité devant la protection et les encouragements, on ne craignit pas de formuler dans nos Codes l'inégalité devant la loi : et qu'on ne s'étonne pas devant cette affirmation, car la chose n'est que trop vraie.

Dans la pensée de tous, le vol, le maraudage doivent être également punis, sur quelques choses qu'ils se portent. La loi, sage dans ses dispositions et ses prévisions, a même voulu punir d'autant plus sévèrement le vol, qu'il était plus facile à consommer et à dissimuler. Ainsi, elle punit plus rigoureusement le vol des choses abandonnées à la foi publique. Logiquement, elle eût dû appliquer ce principe aux récoltes les plus écartées, les plus cachées, les plus longtemps exposées aux déprédations, comme celles des bois qui restent 15 et 20 ans, et parfois 100 à 150 ans, à arriver à leur maturité.

C'est cependant le principe contraire qui a passé dans nos lois : on punit très-sévèrement le vol de toutes les récoltes agricoles, exposées seulement quelques mois sur la terre ; et on amnistie à peu près le vol des récoltes forestières, exposées aux déprédations pendant des années, et même quelquefois un siècle !

Donnons un exemple frappant de cette injustice légale : on vole un chêne dans une forêt, et un chêne de même grosseur dans une bordure de terre : le premier vol en forêt, plus facile et dès lors plus punissable, n'est puni, par l'article 192 du Code forestier, que d'une amende insignifiante proportionnée à la grosseur de l'arbre ; tandis que le second vol, frappé par l'article 445 du Code pénal, entraîne 6 jours à 6 mois de prison pour *chaque* arbre abattu en plein champ. Pareille dissemblance pour la dévastation de plants venus naturellement : la peine est de 2 ans à 5 ans de prison lorsque les plants sont en plein champ, et seulement d'une amende de 10 fr. à 300 fr. lorsqu'ils sont en forêt.

Pourquoi une différence pour un vol de même nature ?... Mais la protection accordée aux forêts va encore s'amoindrir : les vols forestiers, au lieu d'être poursuivis d'office par le ministère public comme tous les autres vols, seront délaissés par lui, et la victime devra poursuivre elle-même, au risque de provoquer les vengeances, et de rester, en définitive, chargée des frais. Les instructions ministérielles commandent ainsi l'abstention à tous les parquets, et la protection résultant de leur poursuite d'office est refusée à la propriété forestière. Certains délits, attendu l'insignifiance de la peine, ne sont même pas justiciables de la police correctionnelle, lorsqu'ils sont commis dans les bois de particuliers !...

La législation actuelle dirige donc, contre la propriété qui a besoin de la protection la plus énergique, tous les mauvais instincts de maraudage et de vol.

La facilité du vol en forêt, où l'on est invisible à quelques pas, l'impunité du vol en forêt, frappé seulement d'une amende de 2 fr. 80 cent. pour un arbre de première classe, chêne, orme, frêne..., ayant *un mètre de tour;* d'une amende de 90 cent. pour un arbre aussi d'un mètre de tour, mais de deuxième classe, trembles, bouleaux, aunes... (Code forestier, 192); d'une amende de 10 fr. par *charretée* d'arbres ayant moins de 20 centimètres de tour (art. 194), n'est-elle pas un encouragement, une provocation même au vol, car tel arbre d'un mètre de tour aura mis 60 ans à croître, et il suffira de faire son choix pour qu'il vaille 10, 15 et 20 fr. ; et telle charretée de jeunes arbres pouvant faire des cercles, des perches, etc., vaudra 30 et 40 fr. ! Le métier peut donc devenir aussi lucratif que le dommage est énorme.

De même du pacage où l'amende, pour l'animal qui détruit à l'avance plus de 100 fr. de bois par jour, est de 2 à 10 fr.

Ajoutez que comme ces voleurs et ces pacageurs sont sur leur garde, bien éveillés et avertis, ils ne se laissent pas prendre une fois sur vingt, et peuvent ainsi trouver dans le vol et le maraudage, et à l'ombre de nos lois pénales, une industrie fructueuse.

Ajoutez encore que les particuliers, ne poursuivant pas un vol sur cent, à cause des débours, des ennuis des déplacements et des risques de vengeances, et vous resterez convaincus que l'impunité peut être à peu près assurée.

Nous avons prouvé l'injustice, prouvons, en outre, l'inconvénient.

Les procès-verbaux des gardes particuliers ne font foi que jusqu'à inscription de faux, un simple témoignage contraire les confirme !

Plus que cela : un garde forestier constate un vol de bois; le corps du délit est aux mains du voleur, le ministère public poursuit, et on condamne *parce qu'il y a vol*, et qu'on refuse de dire d'où vient le bois.

Si c'est le particulier qui poursuit, il doit prouver que le vol a eu lieu *chez lui*, non près de lui ; c'est souvent une question de limites, et pour peu que la preuve soit contrariée par le plus petit doute, le voleur échappe, lorsqu'il n'eût pu échapper devant les poursuites du parquet ! Ceci seul ne prouve-t-il pas la nécessité d'une répression légale et commune ?...

Mais il faut nous arrêter dans la constation des inconséquences légales, nous aurions trop à dire.

Ces anomalies, ces contresens légaux doivent être effacés aussitôt que constatés ; la loi doit être une pour tous les vols, les poursuites d'office doivent protéger contre tous les délits, et il n'y pas de raison de faire une différence quelconque.

Il faut accorder aux forêts des particuliers les formules promptes et économiques de répression qu'on accorde aux forêts de l'Etat et des communes; il faut que l'égalité devant la loi existe de fait, puisqu'elle est proclamée de droit, et il ne faut pas qu'un parquet puisse refuser de poursuivre un vol de bois qui lui est dénoncé, uniquement parce que c'est un vol de bois exécuté dans une forêt appartenant à un particulier.

Voilà sommairement ce qu'il faut faire pour la propriété forestière, au lieu de la laisser au ban de la loi et de la livrer ainsi sans défense aux mauvaises passions, aux déprédations et aux vols.

Car la loi actuelle paraît dire aux voleurs et aux déprédateurs : « Attaquez-vous aux forêts, la peine est dix fois moindre, et le ministère public refusera de vous poursuivre. »

C'est ce que prouvent tous les ans nos statistiques criminelles.

En 1842, par exemple, les poursuites dirigées par le ministère public pour délits commis dans les bois de l'Etat, des communes et établissements publics, dont la contenance était alors de 2,897,000 hectares, se sont élevées au chiffre de 68,053, tandis que les poursuites intéressant les bois des particuliers, dont la contenance était de 5,619,000 hectares, se sont élevées au chiffre de 1,815 seulement.

Ces dernières poursuites eussent dû, proportionnellement aux premières, atteindre le chiffre de 132,000.

Il y a donc, entre les unes et les autres, cette différence exorbitante de 98 1/2 sur 100 !

La logique de ces chiffres est effrayante, car elle est la mesure de l'injustice dont souffrent les particuliers.

Ainsi donc, pour faire cesser les causes inspiratrices du défrichement, aussi bien que pour placer la propriété boisée dans une position qu'elle n'eût jamais dû perdre et que la justice du gouvernement ne peut lui refuser, il faudrait :

Rétablir l'égalité de l'impôt, tellement exagéré sur les terres boisées, que « certaines vérifications légales ont établi une surtaxe de 59 pour 100 sur les bois » (1851, Rapport de M. le comte Beugnot) ;

Donner aux forêts les voies de transport qu'on a données aux houillères ;

Alléger pour les bois l'impôt écrasant des octrois, les tarifs de transport, et mettre les bois sous le même régime et les mêmes tarifs que les houilles, en prenant pour base la puissance de calorique ;

Placer les forêts sous le principe de l'égalité devant la loi, les protéger, comme nos autres cultures et nos autres produits, par les mêmes lois douanières et pénales, par la justice rapide et peu coûteuse, qui protégent les forêts autres que celles des particuliers.

Il sera juste, il sera sage de mesurer à leur utilité la protection et les encouragements accordés aux forêts.

Que le législateur leur impose, au nom et dans la limite de l'intérêt public, la condition souvent onéreuse, toujours gênante, de rester en nature de bois; mais, que par une équitable compensation, il ne leur marchande pas les faveurs et la protection assurées aux autres productions du sol français.

CONCLUSIONS.

Forcément, et je le regrette, le défrichement devrait donc rester défendu en principe pour les bois de hauteurs et pour ceux de pentes, dépassant 15 centimètres; les bois de vraie plaine seuls, de plaine surbaissée presque au niveau des eaux, pourraient être défrichés, avec autorisation préalable, à la condition :

Qu'ils n'intéresseraient pas la santé et la salubrité publiques, le régime des eaux jaillissantes et courantes, l'abri de la contrée ;

Qu'ils devraient produire, trois à quatre ans après leur mise en valeur, des terres de deuxième classe au moins.

Car, assurément, le gouvernement et les hommes spéciaux ne voudraient pas plus de la prohibition absolue que de la liberté illimitée. Il y aurait asservissement et souffrance dans le premier cas, immense danger dans le second, impossibilité dès lors pour les deux systèmes. Ce que nous voulons, c'est une juste transaction entre ces deux positions extrêmes, et des dispositions légales qui, en sauvegardant l'intérêt public, tout en ménageant les intérêts privés, fassent place à l'esprit de justice et de raison, et assurent l'autorisation des défrichements utiles.

Nous avons suivi notre voie jusqu'au bout, faisant tous nos efforts pour nous maintenir logiquement dans la ligne des déductions les plus raisonnables, les mieux justifiées, les plus conformes aux principes de l'économie politique et du bon sens.

Malgré cette modération dans les principes et dans leurs déductions surtout, malgré notre désir de marcher d'accord avec nos collègues et nos amis, nous nous trouvons peut-être loin d'eux, entraînés qu'ils sont dans un courant d'idées auxquelles des études spéciales nous ont permis de résister.

Cette position est aussi fâcheuse qu'elle est pénible ; mais entre fausser nos déductions et nous laisser aller au courant, ou les maintenir résolûment pour tenter d'éclairer l'opinion publique surprise et entraînée, l'incertitude n'était pas possible, et nous nous sommes résigné à risquer de nous trouver dans la minorité, loin des amis politiques avec lesquels nous aimons à voter.

Si ce travail pouvait enrayer certains entraînements, modérer certaines idées, entamer certaines convictions, tradition des années précédentes, et arrêter la législature sur une pente au fond de laquelle nous voyons des abîmes, cela seul suffirait pour justifier cette publication et récompenser nos études.

A ceux qui nous ont demandé des concessions, comme satisfaction à l'opinion, nous répondrons en nous plaçant un instant dans leurs idées, et pour atténuer autant que possible leur danger, par un projet subsidiaire blessant les principes, faussant les déductions, mais évitant de plus grands maux.

Ce projet pourrait adopter pour bases les formules suivantes :

Ne pourraient être défrichés :

Tous les bois qui affectent l'intérêt général aux points de vue suivants :

1° De l'état climatérique, de la santé et de la salubrité publiques.

Ces bois pourraient être ceux qui, n'étant pas marécageux, se trouvent dans le voisinage (mille mètres) des lieux habités, dans un massif de plus de 200 hectares, sur une commune dont le territoire n'est pas pour 1/20 au moins planté en bois. (En thèse générale même, on pourrait prétendre que toutes les forêts, pourvu qu'elles ne soient point marécageuses, intéressent la salubrité publique, comme agents d'assainissement de l'air, d'égalisation de la température, de production des eaux.)

2° Du régime des eaux, de la formation et de l'alimentation des sources.

Ces bois seraient ceux qui se trouvent à moins de mille mètres d'une source, d'un ruisseau ou d'une rivière, et à plus de cent mètres au-dessus du niveau des eaux. (Bien qu'en thèse générale encore on puisse prétendre que toutes les forêts situées au-dessus du niveau des cours d'eaux, et par le fait seul de leur superposition, affectent l'existence de ces cours d'eaux, comme agents de transmission des pluies par leurs racines, et comme abri et protection de l'humidité par leur feuillage.)

3° De la dénudation des pentes, et des ravages des torrents.

Ces bois seraient ceux qui se trouvent placés sur des pentes de 15 à 20 centimètres, et qui sont situés sur des plateaux de plus de 100 mètres d'élévation ; car, dans ces conditions, ils absorbent et arrêtent les eaux des grandes pluies, et sont, pour les pentes, de véritables digues providentielles.

4° De la richesse publique et de la production.

Toutes les forêts qui ne devraient pas donner des terres de première et de deuxième classe, au moins, entreraient dans cette catégorie.

En dehors de ces exclusions resteraient les bois de plaine, pouvant produire des terres de première ou de deuxième classe au moins, pourvu qu'ils ne soient pas situés à moins de 100 mètres d'une commune ;

A moins de 100 mètres d'élévation au-dessus des cours d'eau ;

Dans un massif de plus de 200 hectares ;

Sur une commune dont le territoire ne serait pas planté en bois pour plus d'un cent vingtième ;

A moins de 100 mètres d'une source, d'un ruisseau, d'une rivière ;

Et enfin sur des pentes de plus de 15 à 20 centimètres.

La formule pour ces bois serait la suivante :

Auraient *un droit* au défrichement tous les bois qui, dans ces conditions, donneraient, d'une manière stable, des terres de première classe.

Pourraient être défrichés, avec l'autorisation ministérielle, les bois qui, dans ces conditions, donneraient des terres de deuxième classe.

Seulement, dans le premier cas, le ministre fixerait, dans un délai de 6, 8 ou 10 ans, l'époque du défrichement.

Dans le second cas, il ne pourrait autoriser que sur l'avis conforme des Commissions locales de défrichement dont nous allons parler.

Et, dans les deux cas, il devrait être, au préalable, constaté que dans la conservation forestière où se trouvent ces bois, il a été reboisé, depuis la loi, une quantité d'hectares double en bois feuillus, ou quadruple en bois résineux.

Il serait institué dans chaque arrondissement une Commission de défrichement, composée du préfet ou sous-préfet, président; de l'agent forestier local le plus haut en grade ; de l'agent local des contributions directes, aussi le plus élevé en grade ; de l'ingénieur local, du juge de paix, des membres du Conseil général et d'arrondissement, et de deux propriétaires, à la nomination du préfet.

Ces Commissions se réuniraient deux fois par an, et auraient à constater dans quelles conditions se trouvent placés, aux points de vue de la loi nouvelle, les bois dont on demanderait le défrichement, et à émettre un avis motivé.

Voilà pour le déboisement.

Pensons maintenant au reboisement, qui doit être encouragé d'autant plus que le défrichement sera permis.

Nous proposerions d'inscrire chaque année, au budget, un fonds spécial d'un million pour le reboisement.

Ce fonds serait divisé en primes de reboisement, qui seraient distribuées par des Sociétés et Comices forestiers, agissant à l'instar des Sociétés et Comices d'agriculture.

Ces primes ne pourraient dépasser les limites extrêmes de :

60 fr. par hectare de landes ou terres mis en parfait état de bois feuillus ;

40 fr. par hectare de landes ou terres mis en parfait état de bois résineux, par plantation ;

30 fr. par hectare de landes ou terres mis en parfait état de bois résineux, par semis.

La moitié de ces primes seraient payées à la fin de la première année, après les plantations ou semis ;

Un quart de ces primes seraient payées à la fin de la deuxième année, après les plantations ou semis ;

Un quart de ces primes seraient payées à la fin de la troisième année, après les plantations ou semis ;

Alors que le reboisement serait dans un bon état de reprise et d'entretien.

Nous proposerions, en outre, d'accorder une exemption d'impôt pendant 50 ans à toutes les terres et landes qui seraient plantées et transformées en bois.

Enfin, comme complément à ces mesures, nous voudrions voir insérer dans la loi nouvelle une disposition prescrivant que le pacage dans les bois des particuliers sera réglementé par arrêté ministériel, sans cependant que les règles imposées aux bois de l'Etat et de communes pussent être dépassées.

Ces formules seraient, selon nous, de nature à donner satisfaction aux partisans d'une liberté sage et modérée, tout en sauvegardant les grands intérêts généraux du pays.

Nous ne les donnons pas comme chose complète, mais seulement comme point de départ possible de la législation à intervenir.

Dans notre pensée, elles présentent cet avantage très-précieux, d'offrir une réglementation générale et précise, et cependant d'une application restreinte, et statuant sur les demandes au fur et à mesure qu'elles se produiraient.

Ce mode nous paraît bien préférable à celui d'un cadastre forestier, qui, d'un seul coup, classerait tous les bois, donnant aux uns le bénéfice du défrichement, et frappant les autres du préjudice de l'interdiction ; car ce cadastre produirait bien et des mécontentements et des haines, et serait par lui-même une puissante et désastreuse excitation au déboisement.

Ces études ont été longues, trop longues sans doute.

Mais la question était considérable, l'intérêt public engagé était immense, et puis il nous fallait, nous le savions bien, lutter contre un véritable courant d'opinion.

Nous nous estimerons heureux si nous avons pu amener à sérieuses réflexions les esprits trop légèrement entraînés.

Car nous aurons rempli en conscience notre devoir d'homme public, et le raisonnement et les chiffres feront le reste.

EXTRAIT DU JOURNAL DES ÉCONOMISTES, 15 MARS 1854.

Typographie HENNUYER, rue du Boulevard, 7. Batignolles.
Boulevard extérieur de Paris.

www.ingramcontent.com/pod-product-compliance
Ingram Content Group UK Ltd.
Pitfield, Milton Keynes, MK11 3LW, UK
UKHW021937200726
13855UKWH00007B/1273

9 782013 068833